SPK

Fazer da doença uma arma

Um texto de agitação do Coletivo Socialista de Pacientes na Universidade de Heidelberg

Prefácio de J.-P. Sartre
e um prefácio de Huber, SPK/PF(H)

tradução de Felipe Shimabukuro
em colaboração com SPK/PF MFE Colombia
e SPK/PF MFE Espanha.

COLEÇÃO EXPLOSANTE

TEXTO DE AGITAÇÃO – OBJETO DE CONSUMO OU MEIO DE PRODUÇÃO?

Se este texto se revelar como totalmente indigesto e não consumível, então a conclusão desta experiência só pode ser que se nega este texto, que se o supera e abole [*aufheben*] dialeticamente na práxis. Do mesmo modo que este próprio texto representa a negação, a superação [*Aufhebung*] da práxis do SPK.

IZRU (Informationszentrum Rote Volksuniversität [Centro de Informação da Universidade Vermelha do Povo]), uma auto-organização socialista sob a determinação da doença.

ESTE TEXTO É SÓ UM COMEÇO …

Coletivo Socialista de Pacientes: SPK – Fazer da doença uma arma.
Um texto de agitação do Coletivo Socialista de Pacientes na Universidade de Heidelberg.
Com um prefácio de Jean-Paul Sartre e um prefácio de Huber, SPK/PF(H)

A tradução segue a 7ª edição revisada e ampliada de "SPK – Aus der Krankheit eine Waffe machen", 2024. KRRIM – PF-Verlag **für** Krankheit [KRRIM – PF-Editoria **para** Doença], Alemanha, www.spkpfh.de.

Capa de E. Petersen

Este livro faz parte da coleção Explosante, com coordenação de Vladimir Safatle.

Edição idealizada, traduzida e revisada pelo Coletivo Socialista de Pacientes: *SPK – Fazer da doença uma arma*, com apoio editorial da Ubu.

Iatroimperialismo – prefácio de Huber, SPK/PF(H), WD, Dr. méd. 7

Colapsado o programa da classe médica, a qual tudo domina 10
Prefácio de Jean-Paul Sartre (Retranslação de transparência) 12
Comentário posterior de Huber 20
Fac-símile do prefácio de Jean-Paul Sartre 22
Carta de Huber a Contat a respeito do prefácio de Sartre 25

I Desdobramento materialista das contradições do conceito de doença 29

II Teses e princípios 36
1. 11× doença 36
2. Três pontos de partida da práxis-SPK 37
3. 10 princípios da práxis-SPK 38
4. A "Universidade do Povo" como princípio 39
5. O SPK enquanto Universidade do Povo 40

III Parte histórica 43
6. A policlínica a serviço da ciência dominante 43
7. A policlínica a serviço do cuidado dos doentes 44
8. A auto-organização dos pacientes 46
9. O Coletivo Socialista de Pacientes 49
10. A sentença de despejo e a deliberação do senado 51
11. O despejo forçado 53
12. A ilegalidade dominante, a ausência de direitos e os pacientes 54

IV O método do SPK 64
13. A agitação enquanto unidade do trabalho "terapêutico", científico e político 64
14. Isolamento, detalhes, "objetividade", opiniões 65
15. Agitação pessoal e agitação em grupo 66
16. O expansionismo multifocal (EMF) substitui desde o início todas as instituições estatais e privadas 69

17. Determinação alheia [*Fremdbestimmung*] – Grupos de trabalho científico 71
18. Agitação e ação 73

V Dialética 75
19. Objeto – Sujeito 75
20. Superação [*Aufhebung*] do papel de objeto no coletivo 78
21. Expansionismo multifocal – "Foco" 81
22. Dialética da sexualidade 82

VI Doença e Capital 88
23. Identidade entre doença e capital 88
24. O proletariado sob a determinação da doença como proletariado revolucionário 90
25. Sobre os socialistas "saudáveis" e o dogmatismo reacionário em alguns "esquerdistas" 93
26. O capital e seus administradores como violências naturais 98
27. Médico, advogado, professor universitário – sistema de saúde, justiça, ciência 99
28. A função do médico enquanto agente do capital e sua superação e abolição 101
29. O reitor da Universidade de Heidelberg como agente do capital 102
30. As instituições do capital 103
31. Acerca do problema da violência – a escalada da violência 106
32. O exemplo da "mania" de perseguição – momentos progressista e reacionário de uma doença 108
33. Agressividade – ataque e defesa 112
34. Identidade com o capital no exemplo do "sucesso" 114
35. Identidade política 117
36. Ao invés de um protocolo de agitação 118

Notícias sobre doença (*Jornal*) 120

VII Parte documental 122
37. Sobre a economia política da identidade suicídio = assassinato 122
38. Auto-organização dos pacientes e centralismo democrático 130

VIII Duas comparações **141**
39. Comparação I 141
40. Comparação II 146

Textos adicionais do Coletivo Socialista de Pacientes (SPK)/ Frente de Pacientes (PF), SPK/PK(H) **158**

Alienação 158

Quadro cronológico resumido 161
1965–71: Protofrente de Pacientes – SPK
Julho de 1971–76: SPK/Frente de Pacientes sob as condições de encarceramento 170
Frente de Pacientes (1976 até hoje) 173
Krankheit im Recht [Doença no direito], patoprática com juristas 175
KRRIM – Editora da Frente de Pacientes pela doença 189
Post scriptum (Huber) 191

O que a força da doença tem a ver com revolucionários de profissão com e sem aspas? 194

11 teses sobre a doença 200

Forte pela doença – Frente de Pacientes (*Programa de rádio*) 202

Notas e acréscimos **208**

Posfácio **222**

Outras edições **223**

Iatroimperialismo

Do prefácio de Huber, SPK/PF(H), WD, Dr. méd., para a edição inglesa de *SPK – Fazer da doença uma arma*.

Hoje em dia, estar à altura do nosso tempo significa o seguinte: a maior indústria não é mais a que produz armas, computadores, carros ou espaçonaves. **Atualmente, a maior indústria é a que finge produzir saúde, ou seja, algo que nunca existiu e que nunca existirá, a não ser como um produto da ilusão que alimenta o nazismo em todas as suas variações passadas e futuras [*HEILwesen*].** O capitalismo tira seus maiores lucros dessa indústria de ponta, e não está longe o dia em que metade da população do mundo ocidental estará empregada em clínicas, e a outra metade será explorada nelas como pacientes dos médicos. Sistema de rotatividade. Por diversão? Apenas para seus respectivos governantes planetários (meu Deus do céu! – *eu sou o Senhor, o teu médico* [Êxodo, 15, 26]) ou governantes estelares.

Portanto, não é de modo algum pedido ao leitor das páginas que se seguem que considere a expressão "antagonismo de classe" como nada mais do que um fóssil marxista. Na verdade, Hegel, o famoso antecessor de Marx, estava esperando um desaparecimento do antagonismo de classe devido à colonização praticada pela burguesia emergente do século XIX. Mas, desde então, já faz um bom tempo que o antagonismo de classe está de volta, não nas fábricas dirigidas pelos sindicatos e patrões, mas nas clínicas dirigidas pelos médicos que subjugam e exploram os pacientes, produzindo a mercadoria ilusória saúde em todas essas fábricas, apesar de todas as atividades sindicais, de todas as atividades de guerrilha.

De modo mais geral: **a doença como espécie para criar a espécie humana ou médicos especialistas para destruí-la para sempre [*die MenschenGATTUNG gegen deren Zerstörungs- und EndlösungsKLASSE* (*a* ESPÉCIE-humana contra a CLASSE de sua destruição e de sua solução final)], esse é o antagonismo de classe hoje, e o único problema real a ser resolvido. Mais uma vez: pacientes unidos como e com a espécie contra os idiotas especialistas de todo tipo.**

Aqueles que fingem que o antagonismo de classe desapareceu há muito tempo e que agora, de repente, é preciso salvar a espécie humana (o que precisa ser salvo? Contra quem e contra o que algo deve ser salvo?!), aqueles que, como Gorbatchov e Dutschke, assim como Francis Fukuyama, embora mencionem só ocasionalmente a palavra "*Gattung*" [espécie], nunca tiveram nada a ver nem com o problema, nem com a solução, mas talvez sim o velho Hegel. É preciso lembrar que, para Hegel, é exclusivamente a doença que representa a espécie no nível da humanidade, assim como representa dialeticamente o fracasso da espécie. Portanto, com Hegel, fica totalmente claro que o despertar da espécie humana, que ainda não existe, está ligado ao "como" das comunidades, ou seja, coletividades, ao passo que o fracasso da espécie humana, sofrido por cada pessoa isolada [*der jeweiligen Einzelperson*], está ligado ao sistema médico que, *horribile dictu*, está em si mesmo condenado para sempre a fracassar, desde o início, pois, nas palavras de Hegel, ditas do meu próprio modo: "*Krankheit* [...] *das INDIVIDUUM, sich gleichsam mit sich selbst beGATTEND*", acrescentando: "[...] *unTEILbar unHEILbar* ["Doença [...] o INDIVÍDUO COPULAndo (sendo-ESPÉCIE humana), em certo modo consigo mesmo", acrescentando: "(...) inDIVISÍvel inCURÁvel"].

O imperialismo também continua existindo. E como! E onde! Enquanto isso, vocês podem esquecer os mapas geográficos aos quais está associada essa expressão nos livros de Marx e Lênin, e também tudo sobre (o fim-da-história de Fukuyama) liberdade e totalitarismo, ditadura e democracia.

Peguem o mapa médico e vejam seu cérebro colonizado e dominado por nomes (e pelos métodos medicinais correspondentes!) como Parkinson, Alzheimer, Bleuler, e assim por diante, seu estômago dominado por Billroth, seu pescoço com a glândula tireoide por Basedow, seus músculos e seu comportamento (talvez dito histérico) por Charcot e Freud, e associem isso ao que os marxianos têm escrito sobre o imperialismo – ainda naquela época muito distante de um assim chamado mercado livre, um imperialismo que gira hoje em dia em torno de bancos de órgãos para transplante. Um imperialismo que faz negócios, por exemplo, com os órgãos de crianças aqui e agora, assim como com países e povos muito distantes, tal como está registrado nos livros marxistas.

Em épocas ainda mais remotas, existiam mapas astrológicos em que o governador de seu cérebro tinha nomes como lua ou câncer; o governador de seus músculos, Marte; e assim por diante. Esses antigos nomes representam portas de entrada e bancos de câmbio ainda existentes para outros demônios e diabos, possuindo e obcecando, interessados no imperialismo, mas com certeza inimigos de toda revolução tanto cósmica como social (Revolução cósmico-social).

No futuro existirão cada vez mais grupos formados por forças específicas da doença desenvolvendo a verdadeira in-dividuação (Expansionismo Multifocal, EMF). Uma força específica da doença é a *mania*, que, se for desenvolvida coletivamente, opera como uma espécie musical [*Musikgattungswesen, nicht harmlos* (*ser genérico da música, não inofensivo*)], matando toda a disciplina por transcendência. Exatamente como um coletivo que desenvolve seus vícios corporais deliberadamente escolhidos, ensaiados e praticados corpo a corpo, pois o vício é então uma arma mortal contra as drogas e medicamentos na medida em que transforma todos os corpos numa espécie bem temperada [*Wärmekörper, wild* (corpo de calor, selvagem)], portanto, por imanência. Será que é possível dividir uma melodia, o calor, uma doença ou uma outra espécie? Claro que não, pois essas individualidades são ou indivíduos ou divisíveis, portanto, não são indivíduos.

Talvez Platão e Bergson tenham esquecido de mencionar isso na integridade, que hoje em dia é necessária para se tornar capaz de agir, e Plutão, agrupando o imponderável em peso, e o peso em imponderabilidade, está, por isso, furioso com eles, recorrendo a terremotos.

Façam uso de sua própria experiência com as doenças e coloquem a fantasia em ação.

É a isso que estamos nos referindo ao dizer que se trata de estar à altura do nosso tempo. **Fazer da doença uma arma é o primeiro olhar para um futuro a ser construído, livre de nomes e soluções finais, governadores, fábricas de saúde etc. Nós o chamamos Utopatia [*Utopathie*].**

Der Westen ist tot
Denn Krankheit bleibt rot

Let's go west
Gold's illness dawns best

Morreu o ocidente
doença segue fazendo frente

Huber, SPK/PF(H)

Colapsado o programa da classe médica, a qual tudo domina

Retranslação de transparência de nossa tradução inglesa do prefácio de Jean-Paul Sartre para *SPK – Aus der Krankheit eine Waffe machen* (*SPK – Fazer da doença uma arma*) (com acréscimos do editor – SPK/PF(H); parciais, mas indispensáveis no **interesse de classe da classe dos pacientes** em confrontação e permanentemente em curso de colisão).

Diferentemente de outros, nós não precisávamos correr atrás de Sartre. Com 67 anos à época, ele mal tinha diante dos olhos o manuscrito alemão (de *SPK – Fazer da doença uma arma*), datilografado na máquina de escrever, a fraqueza da sua visão foi esquecida. Ele começou imediatamente o trabalho, não parou, e escreveu o prefácio. Mesmo depois, ele não parou. Nem com o vento contra, nem para os desprovidos de gosto e de olfato, nem remotamente esse modo de procedimento cheira como um serviço samaritano, muito menos como um parecer de complacência. Através de contatos telefônicos com os advogados do SPK, ele apoiou e encorajou, durante as férias semestrais seguintes, o congresso de várias semanas de apoiadores pan-europeus do SPK na Universidade de Heidelberg. Assim, sempre vigilante e crítico, ele dissuadiu, por exemplo, os por vezes mais de mil participantes do congresso de chamar seu evento de *tribunal*. Sartre: "Vocês deveriam executar seu julgamento dos culpados, e vocês, em seu livro, já os especificam por seus nomes. Lá onde isso não for possível, façam, na realidade, uma *Enquête* (contra-inquérito), mas, por agora, nenhum tribunal".

Sartre era, antes de tudo, ativista, ativista parcial, ativista que se posicionou do único lado correto, e seu intelecto era tudo menos estreito e de intestino curto. Leitores, literatos e até tradutores deveriam levar isso muito em conta, em particular tendo em vista seu ***Discurso aos camaradas*** (de fato e obviamente **pacientes de confrontação**), posteriormente como translação em comparativo contra-tiro [*Gegenwurf, Sartre: "ob-jet", "jetè devant"*] objetivando, contrastando e completando a impressão fac-símile do manuscrito [*ver-gleichender Gegenwurf zum Faksimile-Druck des Autograph*].

Além disso, parece que, no setor editorial, gostariam de "tratar um cachorro morto" a mais, nas palavras de Karl Marx (ver prefácio de *O capital*). À época, Marx se referiu de modo muito elogioso à dialética hegeliana; então, no que diz respeito a Sartre, para além de sua dialética (878 páginas), seria necessário se referir a todos os seus textos que tenham a doença como substância e sujeito, como espécie humana utopática (em Sartre: "mãe", numa retroprojeção sem dúvida abstratificante. Que significante pobre em tempos pobres!). Aqui não há nada a se esperar das técnicas editoriais e das técnicas dos inconvenientes. Porém, todo fedor sopra do Ocidente ultramarino, *ex occidente foetor*, mas *ex oriente* – depois de um pouco de luminosidade da matéria dialética –, o mesmo. Fazer de coveiros redatores? Não participamos desse jogo de merda. Nem na *Konkret* (revista esquerdista quinzenal hostil à doença), tampouco na Gallimard. E o tratamento de CURA [*HEILbehandlung*] já não serve, porque mesmo cachorros mortos, assim como textos enterrados, textos do contexto mais amplo da nova revolução em virtude da doença, são os que menos precisam de um tratamento de CURA.

Traduções vindas de mãos alheias estão sujeitas à nossa reserva legal. Quem, especialmente como cientista, teme consequências penais e civis, tem, na nossa versão inglesa e sua retranslação em alemão, o melhor critério e conselheiro do momento.

Adendo
Werner Heisenberg, o pai da bomba de Hiroshima, também entrou em contato com o SPK uma vez. Ele estava totalmente contrito.

Em contrapartida: os idiotas e cagadores da mídia até hoje enfatizam contra Sartre o modo de ver totalmente diferente da classe médica, que é realmente a única dominante, e dos seus lacaios do Estado e da polícia na megassecta normesia.[(a)]

Werner Schork deu um testemunho do SPK a Sartre. Quando penso neles, eles estão aqui.

---

a Assim, o SPK/PF(H) constata, enfatiza e denomina o fato de que as relações de produção hoje em dia são a norma médica. A velha burguesia acabou. A nova burguesia: a normesia. Ver nota 87 no final do volume [N.T.]

17 de abril de 1972

Queridos camaradas!

Li o livro de vocês com o maior interesse. A antipsiquiatria deveria se radicalizar profundamente. O livro de vocês tornaria isso possível. Mas isso é o de menos importância. Encontrei no livro de vocês aquilo que é realmente importante. Em sua base subjaz um **trabalho prático** coerente cujo objetivo é abolir todos os métodos terapêuticos no trato com as doenças mentais. Também todos os outros métodos terapêuticos são apenas assim **chamados** métodos curativos, desde o início e de maneira fundamental, não conseguem alcançar seus pretensos objetivos.

Se eu tentar resumir o todo corretamente, por doença vocês entendem com Marx a **alienação**, pois a alienação já é, por si só, a característica geral de uma sociedade capitalista. Portanto, vocês têm totalmente razão nisso, e é totalmente correto que vocês abordem e enfoquem todas as doenças primeiramente como produtos da alienação capitalista.

Assim, pois, também foi Friedrich Engels quem constatou, em 1845, com o livro intitulado *Situação da classe trabalhadora na Inglaterra*,[b] que, por meio da industrialização capitalista, foi criado um mundo "em que apenas aquele tipo de homem, que foi desumanizado e rebaixado, pode se sentir em casa. Isso tanto no aspecto intelectual quanto em relação ao conjunto corporal de seus hábitos. Esse tipo de homem, que ainda pode se sentir em casa aí, é degradado e rebaixado ao nível da animalidade; logo, é doente sob o aspecto médico, portanto corporalmente mórbido".

Engels sempre se refere, portanto, à totalidade desse tipo de gente, que é, sem exceção, afetada pela doença, porque essa classe de gente atomizada violentamente em seres singulares e isolados [*Einzelwesen*] foi e é mutilada de modo contínuo e sistemático ao nível de sub-homens. Isso tanto exteriormente quanto interiormente. Porém, são as forças

---

b Friedrich Engels, *Situação da classe trabalhadora na Inglaterra*, trad. B. A. Schumann. São Paulo: Boitempo, 2008. [N.T.]

atomizadoras do sistema que realizam tudo isso. Essa doença pode ser entendida, ao modo de um objeto totalizante [*Gesamtgegenständlich*], como um único grande dano que tem sido causado e infligido, e é infligido, uma e outra vez de novo, aos assalariados, todos em geral afetados pela doença. Essa vida mutilada é, ao mesmo tempo, a rebelião visível contra esse dano como um todo, que a reduziu, com ou sem seu saber, a esse *status* de objeto. Na verdade, desde 1845, as relações e condições sociais mudaram profundamente; porém, **a alienação enquanto tal** ainda é, hoje como naquela época, sempre a mesma. Isso permanecerá assim enquanto o sistema capitalista continuar existindo. Isso é assim porque, como vocês dizem, a alienação é condição prévia e resultado de toda economia no capitalismo. A doença é, como vocês dizem, a única forma possível e o único caminho possível para viver no capitalismo. É verdade que o psiquiatra também é um assalariado, é um doente como todos os outros, e nós mesmos, da nossa parte. Mas o que o eleva, no final das contas, acima de todos os doentes e acima de seus semelhantes, é unicamente a circunstância de que a classe em que ele domina o equipou a ele e a seus semelhantes com todos os arsenais do poder para encarcerar e/ou para fazer trabalhar como assalariados os membros da classe oprimida. Não é necessária nenhuma outra consideração sobre o fato de que o tratamento, até mesmo a "cura", jamais poderá tornar-se senhor da doença, muito menos no sistema dominante. Todo tipo de terapia, que só é, além disso, chamada assim, é, na realidade, restauração da capacidade de trabalhar, e nada mais. De uma forma ou de outra, você continua sendo um doente.

Na sociedade existente, há, portanto, dois tipos de gente: ou se está adaptado ou se está, segundo a norma médica, fora da norma e sem valor. Entre os adaptados, há novamente dois tipos, ambos igualmente não dão na vista, mas estão doentes, mesmo sem consciência disso: o médico – quando não é, finalmente e como última etapa, o psiquiatra – exibe esse tipo de doentes diante da opinião pública como prova de que cumprem a norma e possuem valor. São os doentes cujos sintomas e padecimentos se adequam à produção capitalista. O segundo tipo de doentes adaptados são aqueles cujos sintomas e padecimentos foram readaptados à força para a produção capitalista com meios terapêuticos-terroristas.

Mas os outros são os doentes fora da norma e sem valor (doentes--doentes, *krank-Kranke*), aqueles que, por uma revolta sem rumo fixo, são incapazes de realizar o trabalho assalariado iatrocapitalista, uma revolta sem rumo fixo, que simplesmente aparece neles: perturbadora, nojenta, feia, desmancha-prazeres, fracassada, "no melhor dos casos" dolorosa e deplorável. Como paciente que passa de médico em médico, esse assalariado doente percorre as reações em cadeia entre médicos do ser diagnosticado (não precisa ser um diagnóstico explícito, aqui eles já se tornaram mais cautelosos, isto é, astutos e recatados). Ou seja, ele percorre a cadeia de significantes, ele próprio sempre o significado, nas palavras de Jacques Lacan, que também estou usando aqui, pois todo significante dentro da cadeia de significantes só tem um outro significante por objeto, ao qual ele visa, inevitavelmente, com uma inevitabilidade do automatismo linguístico e amplamente disseminada; porém, ele nunca encontra o significado ao qual supostamente se refere – como todos assumem com a maior naturalidade –, nunca encontra o objeto real do juízo, isto é, um objeto qualquer, que também pode ser um paciente.[1] Portanto, se o paciente percorreu essa cadeia de significantes escorregadia e derrapante, então ele aterrissa finalmente no psiquiatra (um efeito fulminante apenas estatisticamente verificável, mas não calculável, totalmente como na bomba atômica), portanto, ele aterrissa no âmbito psiquiátrico com bastante frequência já de modo imediato, ou então como estação final. Bem entendido, nessa segunda categoria de doentes, trata-se, portanto, daqueles que **são** a revolta sem rumo fixo porque, através de sua revolta sem rumo fixo, tinham sido incapacitados de realizar o trabalho assalariado capitalista.

Esse policial, a saber, o psiquiatra, os joga antes de tudo e automaticamente, já que sem intervenção especial, fora de todo contexto das leis, ele recusa ao paciente que chega até ele – através de transferência, por exemplo, ou, como na maioria das vezes, através de um outro policial – antes de mais nada, o uso dos direitos mais elementares e mais evidentes. É óbvio que o médico/psiquiatra é o cúmplice das violências atomizadoras e despedaçadoras, porque está totalmente envolvido e implicado nelas. Ele escolhe os casos isolados e os separa, como se fossem, por aparecerem no plano corporal ou social como perturbadores e como molestos, eles próprios culpados por essas perturbações, por sua desgraça e por todas as desgraças à sua volta. Depois ele coletiviza esses pacientes, faz deles uma coleção[2] daqueles que lhe parecem semelhantes entre si, e mesmo que seja apenas em uma única particularidade que ele encaixa numa característica diagnóstica específica, a partir de uma qualidade atribuída (*Anmutungsqualität*, no sentido de Husserl: *phainomenon*) que lhe parece ser adequada. Agora, isso continua com a vigilância zelosa de seus diferentes modos de comportamento, depois que o psiquiatra relacionou alternadamente todos esses seus efeitos uns aos outros, de modo que, supostamente para ele, a unidade de suas nocividades (nosologia) subjacentes lhe salta aos olhos de modo repentino. Por fim, ele considera essas suas artimanhas como as próprias doenças, porque já antes procurou e encontrou para tudo uma gaveta adequada, entenda-se, classificando e diferenciando. Agora, a pessoa doente enquanto tal é arrancada de seu contexto, isolada como um átomo e relegada a uma categoria especial (esquizofrenia, paranoia etc.). O doente isolado pode-se ver, assim, relegado a uma categoria particular, ao mesmo tempo em "sociedade" com outros pacientes com uma pretensa semelhança. Apesar disso, ele obviamente não consegue de modo algum entrar em relação social com esses outros pacientes. Porque, do ponto de vista do psiquiatra, cada uma dessas pessoas é pura e simplesmente o mesmo exemplar idêntico de uma única e mesma "psiconeurose".[3]

Totalmente em oposição a tudo isso, vocês alcançaram o seu objetivo e se propuseram a enfocar e transformar sempre os fatos coletivos subjacentes, além dos múltiplos fenômenos: tudo isso está obrigatoriamente ligado e associado ao sistema capitalista, pois o sistema capitalista transforma todos numa mercadoria e, em consequência disso, transforma os assalariados em coisas (transformação dos assalariados na alienação e reificação em objetos e coisas). Não preciso lhes explicar, e está totalmente claro para vocês, que o isolamento da gente doente só pode continuar a atomização deles. Também está igualmente claro para vocês que essa atomização já começa no nível das relações de produção. Vocês também já elucidaram na **prática** que os pacientes, quando fazem a pergunta de construir uma outra sociedade por inteiro, têm de produzir antes de tudo uma comunidade que se agita mutuamente, em suma: têm que criar antes de mais nada um Coletivo Socialista de Pacientes. Essa questão jorra antes de tudo da escuridão de sua revolta na doença mesma (já sendo um protesto ainda sem rumo fixo).

Vocês também se recusam, com razão, a ver no médico e no paciente, ambos doentes como todos os outros, duas pessoas diferenciáveis: pois, na realidade e consequentemente, o fato sempre foi que, através da distinção entre psiquiatra e paciente, o psiquiatra tornou-se o único significante [excurso: significante: doador de sentido, intérprete, significador, doador de significado e, por fim, o mais significativo de todos, a pessoa mais importante [*der Bedeutende überhaupt*]; é óbvio que Sartre conhece a história de uma tradição entretanto milenar do par das definições significante e significado, registrado pela primeira vez na filosofia dos estoicos, em seguida por Aristóteles, mais tarde pelo suíço Saussure e pelo tcheco Jakobson e, não em último lugar, Lacan, pois Sartre sabe muito bem, segundo o texto presente, que a dicotomia devastadora e a divisão em classes antagônicas entre médico e paciente não pode provavelmente ser exemplificada de melhor modo em nenhum outro lugar do que na maquinaria significante-significado que mói e achata os pacientes, e alça o médico, ou seja, o psiquiatra, à classe de deuses; pois: *se o médico é ao mesmo tempo filósofo* – assim já sabe o estoicismo – *então ele se torna igual a Deus*. Em outras palavras: acima desse significante pode se supor no máximo o céu, mais alto já não é possível, nem hoje nem futuramente, e o colapso da classe médica já está há muito no programa. A isso deve ser acrescentado que o paciente isolado e desprovido de direitos como doente em sua doença singular é o único significado por excelência, o objeto exposto sem amparo a toda **determinação** alheia (significado = coisa indiferente, arbitrariamente designável, funcionalizável através de e com interpretações e significações que têm o efeito de algemas-policiais-duplas, para o objetivo e intenção da pessoa significante, a saber, do médico ou psiquiatra)].

Totalmente em oposição a isso: médico e paciente são uma unidade dialética, uma unidade dialética que é a base de todos, a maneira de uma raiz. Uma vez que os pacientes tenham estabelecido um contato de grupo; então, no cerne dessa relação dialética, conforme o tempo e circunstâncias, o momento progressista impulsionador será um ou outro **paciente** respectivamente, e precisamente na medida que os pacientes persistirem no momento reacionário de sua doença ou adquirirem uma ideia totalmente consciente de sua revolta e de seus verdadeiros interesses e sentimentos, que são reprimidos, aniquilados e deformados pela sociedade capitalista existente. É uma necessidade para os pacientes se coletivizarem e formarem coletivos. Essa necessidade deriva de sua compreensão de que, para além de suas diferentes doenças singulares, a doença enquanto tal é a contradição fundamental em cada um deles (para completar: a doença enquanto tal é a contradição fundamental entre doença e capital, a contradição principal é: a classe dos pacientes contra a classe dos médicos). A compreensão consiste, além disso, no fato de que cada um [*jeder Einzelne*] é, ao mesmo tempo, significador e significado; mas, no verdadeiro coletivo de pacientes, unicamente a revolução nova em virtude e com a força da doença é o que é determinante, decisivo e significativo. Somente por isso os pacientes precisam formar coletivos, para estarem em geral em condição de se reconhecerem e de se levarem em consideração mutuamente encontrando-se uns com os outros. Nessa luz própria deles, um joga o outro na verdadeira luz, onde podem descobrir, distinguir e manter separados os momentos reacionários e progressistas um do outro. Um exemplo de momento reacionário é a ideologia burguesa. Pelo contrário, os momentos e elementos progressistas consistem em exigir e aspirar a uma outra sociedade, uma outra sociedade na qual o objetivo mais importante e supremo é a espécie humana ainda a ser criada, porém não mais o lucro. Está fora de questão que coletivos desse tipo nunca jamais possam ter um interesse por sua "cura", muito menos, então, tê-la alguma vez como objetivo. Isso é assim porque o capitalismo produz as doenças singulares em todos e em cada um. E porque a "cura", no sentido psiquiátrico, através de médicos da alma, em geral por médicos especialistas e médicos generalistas, não significa nada mais que a tentativa de reintegrar as pessoas doentes à sociedade existente doente. Isso significa que coletivos desse tipo, totalmente pelo contrário, têm de lutar com todas as forças do **corpo** para que a doença seja levada ao seu pleno desenvolvimento e desdobramento. Trata-se, portanto, de potencializar cada vez mais a doença e de impulsioná-la ao extremo, ou seja, ao ponto no qual a doença se torna força revolucionária. O meio para isso é o coletivo com sua conscientização coletiva.

O encontro com o SPK me atingiu como o raio proverbial na alma da natureza (Hegel). A impressão deslumbrante que o SPK causou em mim consiste no fato de que os pacientes livres de indivíduos médicos, ou seja, sem um polo significador, trazerem à luz – no meio do Outro existente, no qual não há algo desse tipo – relações semelhantes à espécie humana e apoiar-se mutuamente para compreender sua situação e circunstâncias com clareza totalmente consciente. Eles se olham uns aos outros com atenção indivisa e muito intensa no estar uns diante dos outros no encontro. E isso significa que eles agem como seres subjetivos livres, como unidade dialética do significante e significado. Enquanto isso, e assim em toda a psiquiatria moderna, sendo o caso modelo a psicanálise, que quem está doente nunca chega a ver a cara de ninguém; pois os médicos, uma outra nulidade pré-humana, se sentam atrás deles e ficam vagueando nas suas costas. Entretanto, eles estão totalmente ocupados tomando apontamentos das manifestações e dos pensamentos dos pacientes, os protocolando, talvez apenas como protocolo mnemônico, e ao mesmo tempo também os categorizando aqui de modo imediato e sem rodeios, e isso exatamente de modo tal que o médico considere como o único correto.

Essa determinação espacial da concepção fundamental na relação médico-paciente coloca o paciente na posição de não ser nada mais do que um objeto, melhor dito: um pedaço de massa de carne coagulada ao modo de um objeto/não objeto [*gegenstaendlich/ungegenstaendlich*], enquanto o médico, nessa relação médico-paciente, encontra-se (de antemão) fetichizado e transformado em significador absoluto e igual a deus. Nisso consiste, portanto, sua hermenêutica: fazer deslizar depressa significantes *per se* inconsistentes e sem fundo, significantes que só podem ter um outro e novamente outro e ainda outro significante como objeto (cadeia de significantes), e, ao final do escorregador, temos a morte assistida, a **eu**tanásia, para um melhor entendimento: **eu**ta**NAZI**. E assim o médico decifra sua hermen**êu**tica,[(4)] sua bela mensagem (a arrogância mais cínica não é nada comparada com isso!), sua bela, boa e verdadeira mensagem de tudo o que sua "*Philosophy*", sim, também toda filosofia excelsa de outros e em geral, lhe tem dado em suas mãos como pretenso instrumento intelectual depois de todo o categorizar, anotar e memorizar.

Ainda por cima, a sua hermenêutica é um segredo que, em matéria de significante-significado, só ele é supostamente capaz de decifrar.

Fico feliz de ter compreendido o progresso real que é o SPK. Para mim, só resta mostrar minha grande estima pelos resultados fundamentais do trabalho de vocês e confirmá-los totalmente. Se tiver estimando tudo isso bem, então está sem dúvida alguma claro para mim que esse trabalho só pode expor vocês aos piores métodos de repressão que estão à disposição da sociedade capitalista. Aqui não estou pensando só no potencial de violência daqueles que fazem uso dela, que gostam de se fazer celebrar como portadores e garantidores das benções da cultura. Também estou pensando em todos seus apêndices, para os quais o trabalho de vocês só pode representar o convite para soltar sobre vocês todos os cães de guarda do Estado e da polícia. Vocês serão obrigados a lutar com todos os meios, pois aqueles que mandam na sociedade existente, mas, acima de tudo, aqueles que comercializam e fazem tratamentos [*das Handeln und Be-handeln*], quererão impedi-los de continuar o seu trabalho prático. Para isso, só basta, para eles, já ir acusando vocês de modo mesquinho e vil, ao menos por ora, de conspiração.

Apesar disso, no futuro, ninguém poderá julgar vocês pelas detenções imbecis, mas exclusivamente por aquilo que vocês ainda alcançarão e já alcançaram.

Jean-Paul Sartre

A respeito da retranslação de transparência acima mencionada de *nossa* tradução inglesa

Adendo (Huber, 2003)
Por que isso, para quem? Proficiência para a guerra da doença e utopatia da espécie humana são nossa patoprática. Quem quiser, pode ficar bobo e mais bobo lendo textos e traduções. Já faz muito tempo que nós não mais. O inglês e o anglo-americano, enquanto meios de expressão, são os dialetos alemães mais rasos e superficiais. Traduções feitas por mãos alheias, tal como a publicada nestes dias, de uma tradução francesa do prefácio de Sartre para o turco como décima língua estrangeira em nossas publicações, difundem conhecimentos. Ficamos contentes quando ouvimos em turco que o prefácio de Sartre é mais fácil de entender que o Alcorão. Porém, conhecimentos e saber efetivo patoprático se excluem mutuamente. Sartre sabia disso: se os significados matarem seus significa**dor**es, então eles estão livres de significadores, e seus significadores, mortos; a isso deveria apenas ser acrescentado que os significadores permanecem significadores, mas os significados nunca foram significadores em sua vida e também não se tornarão significadores nunca em sua vida. Eles não apitam nada nem apitaram nada [*hatten und haben sie doch kein **Sagen***]. E eles superaram de uma vez por todas os fracassos e as proibições [*Und das **Versagen** haben sie ein-fuer allemal ueberwunden*].

Toda filosofia, mesmo e especialmente no matagal dominante de significantes, permanece a velha filosofia dos proprietários de escravos. Se Sartre era filósofo, então, **tinha** conhecimento de tudo isso. E, além disso, não era concedido a todo marxiano e rabugento da universidade a sorte de recusar o prêmio Nobel com firmeza e decisão corajosa, aliás anos antes do nosso tempo. Os infantiloides de seu entorno parisiense, amadurecidos tardiamente, também nunca tinham algo a recriminar-se nos anos posteriores, muito menos sua própria idade, obviamente. Pois a cal nativa inibe de modo competitivo a própria calcificação pelo envelhecimento.

Devo lamentar-me pelo fato de não ter mais podido esclarecer a Sartre, durante sua vida, as razões de minha falta de atenção a esse seu prefácio para *SPK – Fazer da doença uma arma*? Para retornar às frases finais do prefácio de Sartre, aqui é preciso lembrar que os pacientes de confrontação PF/SPK, depois de serem declarados mortos em Paris em 1977/78 (que contribuição magnífica à teoria do significante!), haviam começado muito tempo antes a empregar e aperfeiçoar todo meio útil, mas também convencionalmente inútil (Sartre: vocês terão de lutar com todos os meios [...]). E, para nós, nada era sagrado, já que ninguém nos pôde indicar até aqui um objetivo que tivesse sido adequado para sacralizar nossos meios, e quem no mundo poderia sacralizar qualquer meio, se não o objetivo?

Para quem nossa **presente translação** parece in-determinada (livre de significadores!), talvez até mesmo menos determinada de modo alheio do que o manuscrito de Sartre, pode comparar o ano de sua redação, 1972, com o significante da morte *Stammheim*, para Sartre e nós do SPK 1973/74, para outros entre outros 1977. Contra os significadores, só é eficaz a **autoestigmatização** na doença, em Sartre referir-se ao rei dinamarquês. Mesmo isso pode ser aprendido dele. E, mais precisamente através da translação nessa única linguagem correta, a saber, através da **translação** e **propagação** [*Uebertragung*] da doença, porém, não através de tradução, formação e aquisição universitária de conhecimentos.

PF/SPK(H)

The path out of torture is paved with broken medical doctors.

Fac-símile do prefácio de Jean-Paul Sartre de 17 de abril de 1972 para *SPK – Fazer da doença uma arma*

17 Avril 72

Chers camarades

J'ai lu votre livre avec le plus grand intérêt. J'y ai trouvé non seulement l'unique radicalisation possible de l'anti-psychiatrie mais une pratique cohérente qui vise à se substituer aux prétendues "cures" de la maladie mentale. Ce que Marx appelait l'aliénation, fait général dans une société capitaliste, il semble que vous lui donniez le nom de maladie, à prendre les choses en gros. Il me paraît que vous avez raison. En 1845, Engels écrivait dans "La situation de la classe laborieuse": "L'industrialisation a créé un monde tel que seule une race déshumanisée, dégradée, rabaissée à un niveau bestial, tant du point de vue intellectuel que du point de vue moral, physiquement morbide peut s'y retrouver chez soi." Comme les forces atomisantes s'appliquaient à dégrader systématiquement une classe d'hommes en sous-hommes, de l'extérieur et de l'intérieur, on peut comprendre que l'ensemble des personnes dont parle Engels aient été affectées de la "maladie" qui peut se saisir à la fois et tout ensemble comme un dommage qu'on a fait subir aux salariés et comme une révolte de la vie contre ce dommage qui tend à les réduire à la condition d'objet. Depuis 1845, les choses ont profondément changé mais l'aliénation demeure et elle demeurera aussi longtemps que le système capitaliste car elle est, comme vous le dites, "condition et résultat" de la production économique. La maladie, dites vous, est la seule forme de vie possible dans le capitalisme. Du coup, le psychiatre, qui est un salarié, est un malade comme tout le monde. Simplement la classe dirigeante lui donne le pouvoir de "guérir" ou d'interner. La "guérison", cela va de soi, ne peut être, dans notre régime, la suppression de la maladie: c'est la capacité de continuer à produire tout en restant malade. Dans notre société il y a donc les sains et les guéris (deux catégories de malades qui ignorent et observent les normes de la production) et, d'autre part, les "malades" reconnus, ceux qui une trouble révolte met hors d'état de produire contre un salaire *

C2

qu'on livre au psychiatre. Ce policier commence par les mettre hors la loi en
leur refusant les droits les plus élémentaires. Il est naturellement complice des
forces atomisantes : il envisage les cas individuels isolément comme si les troubles
psychonévrotiques étaient des tares propres à certaines subjectivités, des destins particuliers.
Rapprochant alors des malades qui paraissent se ressembler en tant que singularités
il classe des conduites diverses – qui ne sont que des effets – et les relie entre elles, consti-
tuant ainsi des entités nosologiques qu'il traite comme des maladies et soumet
ensuite à une classification. Le malade est donc atomisé en tant que malade et
rejeté dans une catégorie particulière (schizophrénie, paranoïa etc) dans laquelle
se trouvent d'autres malades qui ne peuvent avoir de rapport social avec lui
puisqu'ils sont tous considérés comme des exemplaires identiques d'une même
psychonévrose. Vous, cependant, vous vous êtes proposés, par delà la variété des effets
de venir au fait fondamental et collectif : la maladie "mentale" est liée indissolu-
blement au système capitaliste qui transforme la force de travail en marchandise et,
par conséquent, les salariés en choses (Verdinglichung). Il vous paraît que l'isolement
des malades ne peut que poursuivre l'atomisation commencée au niveau des relations
de production et que dans la mesure où les patients, dans leur révolte, réclament
obscurément une société autre, il convient qu'ils soient ensemble et qu'ils
agissent les uns sur les autres et par les autres, bref qu'ils constituent un collectif
socialiste. Et puisque le "psychiatre" est lui aussi un malade vous vous
refusez à considérer le malade et le médecin comme deux individus organi-
quement séparés : cette distinction, en effet, a toujours eu pour effet de faire
du "psychiatre" le seul signifiant et du malade isolé et mis hors la loi le
seul signifié donc le pur objet. Vous considérez, au contraire, la relation patient-
médecin comme une liaison dialectique qu'on trouve en chacun et qui, selon
la conjoncture, une fois les malades réunis, manifestera surtout l'un ou l'autre
de ces deux termes dans la mesure où les patients insisteront davantage sur les
éléments réactionnaires de la maladie ou dans celle où ils prennent davantage
conscience de leur révolte et de leurs vrais besoins, niés ou défigurés par
la société. Il devient nécessaire puisque la maladie, par delà les divers effets, est
une contradiction commune et puisque chaque individu est un signifiant-signifié.
de mettre les malades ensemble pour qu'ils dégagent les uns par les autres les éléments
réactionnaires de la maladie (p.ex. idéologie bourgeoise) et les éléments progressistes, exigence

d'une société *autre* dont la fin suprême soit l'homme et non plus le profit). Il va de soi que ces collectifs ne visent pas à *guérir* puisque la maladie est produite en tout homme par le capitalisme et que la "guérison" psychiatrique n'est qu'une réintégration du malade dans notre société mais qu'ils tendent à pousser la maladie vers son épanouissement c'est à dire vers le moment où elle deviendra, par la prise de conscience commune, une force révolutionnaire. Ce qui me paraît saisissant dans le SPK c'est que les patients sans médecin individuel – c'est à dire sans pôle individué des significations – établissent des relations humaines et s'aident les uns les autres à une prise de conscience de leur situation en se regardant dans les yeux, c'est à dire en tant que *sujets* signifiants-signifiés alors que dans la forme moderniste de la psychiatrie, la psychanalyse, le malade ne regarde personne et que le médecin est placé derrière lui pour enregistrer ses propos et pour les grouper comme il l'entend, cette détermination spatiale du rapport patient-médecin mettant le premier dans la situation d'un pur objet et faisant du second le signifiant absolu, déchiffrant le discours de la maladie par une herméneutique dont il prétend avoir seul le secret.

Je suis heureux d'avoir compris le progrès réel que le SPK constitue. En appréciant vos recherches, je comprends aussi qu'elles vous exposent à la pire répression de la société capitaliste et qu'elles doivent déchaîner contre vous, outre les représentants de la culture, les politiques et les policiers. Il vous faudra lutter par tous les moyens car les dirigeants de notre société prétendent vous empêcher de poursuivre vos travaux *pratiques*, fût-ce en vous accusant gratuitement de conspiration. Ce n'est pas sur des emprisonnements imbéciles qu'on vous jugera mais sur les résultats que vous aurez obtenus.

JPSartre

Carta de Huber a Contat[(5)] sobre o prefácio de Sartre

19 de abril de 1988

Senhoras e senhores,

na edição francesa de *SPK – Fazer da doença uma arma*, o prefácio de Sartre está ausente. Na revista *OBLIQUE* vocês escreveram, em 1979, que lhes escapava qual a razão disso. Na suposição de que sua necessidade de informação, da qual só tomei conhecimento recentemente, ainda subsiste, quero explicar as causas e motivos.

Desde 1971, estava encarcerado enquanto fundador do COLETIVO SOCIALISTA DE PACIENTES (SPK) por guerrilha urbana. As publicações do SPK preparadas por mim, em especial *SPK – Fazer da doença uma arma*, com o prefácio de Sartre, tinham saído em alemão em 1972, as edições estrangeiras estavam em preparação. Meu defensor à época, o advogado Eberhard Becker, de Heidelberg, enquanto estudante na direção federal da *Sozialistischer Deutscher Studentenbund* [SDS – União Socialista dos Estudantes Alemães], me relatou isso desse modo na prisão. Consegui convencê-lo, e depois, através dele, também outros advogados de esquerda, a ir lá fazer contato com Horst Mahler e depois também com a sra. Meinhof, Ensslin, Baader e os outros, para montar uma defesa política também para os até então encarcerados da RAF.[(c)]

O advogado sr. Becker, em uma de suas visitas na prisão em novembro de 1972, me trouxe e leu uma carta da sra. Meinhof destinada a mim, carta da qual se deduzia que a sra. Meinhof e também seu grupo estavam furiosos e irritados, mas também decepcionados e, em particular no que diz respeito à sra. Meinhof, desesperados com o fato de Sartre ter não só chamado o COLETIVO SOCIALISTA DE PACIENTES a continuar de forma autônoma, mas, além disso, de ter vindicado para o SPK, em palavras claras e inequívocas, uma tradição igualmente revolucionária e um rigor filosófico moderno (significante/significado).[(6)]

---

c Rote Armee Fraktion, em português, Fração do Exército Vermelho. No Brasil, a RAF ficou mais conhecida como Grupo Baader-Meinhof. [N.T.]

Somente por solidariedade com esse grupo de coencarcerados, decidi naquela época que, por ora, todas as publicações do SPK no exterior, na medida em que não poderiam mais ser interrompidas, deveriam ao menos sair sem o prefácio de Sartre. No entanto, isso sob a condição de que, agora, os coencarcerados deveriam finalmente aproveitar a oportunidade para apoderar-se coletivamente e dar produtivamente continuidade às intenções apresentadas por Sartre em seu prefácio conjuntamente com os conteúdos do SPK ligados a ele. Mesmo antes de Sartre ter estado em Stammheim em 1974, Baader desaconselhou continuar com isso, porque – segundo ele – seria extenuante demais na prisão. Só a sra. Ensslin havia assumido tentativas nessa direção apontada por mim; porém, logo as abandonando também, isso após a sra. Meinhof, na tentativa de escrever para outros presos da RAF os discursos para os julgamentos, ter falsamente interpretado a matéria apontada por Sartre ao tentar, por exemplo, sobrepor de modo simplista a teoria do significante, e sua abordagem por Sartre, à contradição entre forças produtivas e relações de produção como a contradição principal,[7] supostamente incompreendida pelo SPK.

Por fim, quero mencionar que o próprio Sartre, e mais ninguém, nunca recebeu de mim uma explicação sobre a questão do prefácio, porque complicações manifestas e iminentes com as autoridades me impediram disso. Aqui também me parecia mais importante dar prosseguimento à causa SPK, e isso precisamente em solidariedade com Sartre, conforme suas advertências e encorajamentos no último parágrafo de seu prefácio, ao invés de recorrer a justificações pessoais.

Habent sua fata libelli (Terentianus Maurus)

Cordialmente,
Huber WD Dr. méd.

1871...1970/71-1980.....

I Desdobramento materialista das contradições do conceito de doença

Quando queremos resolver um problema, tudo depende de conhecê-lo corretamente. Não basta ser capaz de indicar este ou aquele aspecto parcial, pois tudo depende de apreender conceitualmente **todos** os momentos determinantes do problema e seus modos de interação. Só assim é possível que o conhecimento do problema e sua solução constituam uma unidade indivisível. Quando queremos compreender por que uma pedra cai no chão, não podemos nos contentar em constatar que outros corpos também caem, temos que compreender a essência do fenômeno (da queda), a saber, a gravidade enquanto lei universal da matéria determinada pela massa.

Trata-se exatamente do mesmo no caso da doença. Para nós, **estava** claro desde o início que é totalmente insuficiente procurar causas corporais unívocas conforme o modelo científico-natural da medicina; muito rapidamente **nos tornamos** conscientes de que também é insuficiente falar pura e simplesmente da causalidade social da doença; que é simplista imputar ao capitalismo "malvado" a "culpa" pela doença e pelo sofrimento. Tornou-se claro para nós que se trata de uma afirmação totalmente abstrata e ineficaz quando se diz simplesmente que a sociedade está doente.

De modo empírico partimos simplesmente de três fatos:

1) A sociedade capitalista existe, o trabalho assalariado e o capital existem.
2) A doença e as necessidades insatisfeitas existem, ou seja, a miséria real e sofrimento de cada pessoa [*die Einzelnen*].
3) A categoria da historicidade existe, assim como a categoria da produção; ou – dito de modo ainda mais geral – as categorias de tempo, mudança e devir existem.

Dito numa fórmula simples, nos anos 1970/71, o SPK foi a maior concretização possível das contradições do conceito de doença,[8] contradições que foram elevadas à sua mais alta generalização possível. Na dialética vale de modo geral a ideia de que se deve passar a um nível superior de generalização teórica para conseguir resolver problemas concretos; pois a generalização teórica é ao mesmo tempo pressuposto e resultado do trabalho prático. Desde o início tratava-se, para nós, da compreensão dos sintomas enquanto manifestações da essência da doença.[9]

Em que consiste essa essência? De acordo com Marx, a história da humanidade é a história de sua alienação e da superação [*Aufhebung*] de tal alienação. A doença não é nem uma parte, nem uma mera forma da alienação, pois ela **é** a alienação, porém, alienação subjetiva enquanto miséria corporal e psíquica vivida por cada um [*Einzelnen*]

Nós definimos a doença como vida quebrada em si mesma, como vida contraditória em si mesma. Essa definição é o resultado de pesquisas históricas realizadas nos grupos de trabalho do SPK baseado no materialismo dialético.

Nas sociedades primitivas [*Urgesellschaften*], os homens se veem diante da violência da natureza, que é vivenciada como um poder prepotente e cego. Para conseguir sobreviver diante de tais forças, eles têm que se organizar em grupos sociais; isso significa, porém, que a violência da natureza persiste no interior do grupo social enquanto poder social. Desde Herder a antropologia já definia o homem como um ser carente [*Mängelwesen*]; para a antropologia moderna, a história humana começa com o desaparecimento da segurança específica proporcionada pelo instinto animal. Assim, tal desaparecimento da segurança específica proporcionada pelo instinto animal define o homem como o outro da natureza. Para que a história humana em geral exista, é preciso que haja uma quebra da vida puramente natural e biológica.

Nos "Manuscritos econômico-filosóficos", Marx apresentou com uma grande insistência a finalidade da história da seguinte maneira: "O comunismo enquanto superação [*Aufhebung*] **positiva** da **propriedade privada** entendida como **autoalienação humana** e, por isso, enquanto **apropriação** real **da essência humana** pelo e em prol do homem. Portanto trata-se do retorno integral do homem para si enquanto homem social, isto é, como homem, um retorno consciente e alcançado dentro de toda a riqueza do desenvolvimento anterior do homem. Enquanto naturalismo plenamente realizado, esse comunismo é = humanismo, e enquanto humanismo plenamente realizado = naturalismo, ele é a **verdadeira** dissolução [*Aufloesung*] do antagonismo entre homem e natureza, entre homem e homem, a verdadeira solução do conflito [*Streit*] entre existência e essência, entre objetificação e autoconfirmação [*Selbstbestaetigung*], entre liberdade e necessidade, entre indivíduo e espécie. Ele é o enigma solucionado da história e ele se sabe como tal solução".[10]

Através do desenvolvimento das **forças produtivas** e da dominação progressiva da natureza, foram alcançados de fato todos os meios que permitiriam ao homem garantir uma vida sem miséria e opressão; no entanto, as relações **anárquicas** da produção capitalista mantida através da violência impedem o desenvolvimento progressivo dos meios já disponíveis – graças ao alto desenvolvimento das forças produtivas – para a liberação do homem diante das coerções da natureza e da sociedade.

Nas sociedades capitalistas, o indivíduo se vê diante de violências sociais que lhe parecem igualmente cegas e naturais como as violências naturais imediatas. Por isso falamos, nesse escrito, da violência natural do capital.

Com o desenvolvimento progressivo das forças produtivas e, ao mesmo tempo, com a manutenção das relações capitalistas de produção, a sociedade capitalista se vê cada vez mais obrigada a criar valores não-reprodutivos, cuja produção não é destinada à reprodução, mas à destruição da vida social.[11] (Por um lado, arsenal de armas, por outro, usura calculada dos bens de "consumo"). Um exemplo simples pode ilustrar isso. Como se sabe, uma das indústrias mais poderosas é a indústria automobilística. Para não colocar seus lucros em risco, ela precisa garantir uma venda sem dificuldades. Para que a demanda não pare, uma parte da inteligência técnica tem de ocupar-se com a produção de produtos que se desgastem o mais rápido possível (o que é chamado frequentemente de pesquisas de base). O Estado enquanto representante dos interesses do capital como um todo (uma crise de vendas na indústria automobilística levaria automaticamente as indústrias siderúrgica, energética e de borracha a uma crise) é obrigado a construir ruas. A consequência é que as cidades são destruídas pelas vias arteriais, cidades satélites vazias surgem. Isso também tem como consequência que não se dispõe de meios financeiros para questões comunitárias urgentes (escolas, hospitais, creches etc.). A desertificação da vida social que daí deriva tem como consequência o fato de que as grandes aglomerações urbanas se tornarão rapidamente um campo de investimento das futuras indústrias. A indústria do entretenimento preenche esse deserto com suas máquinas de jogos, jukebox, bares noturnos, etc., produzindo com isso: prostituição, criminalidade violenta, gangues e todas aquelas formas de "decomposição" social ["*Dissozialitaet*"] que os apologetas do sistema fazem passar não por uma consequência do modo de produção capitalista, mas da industrialização.

Na sociedade capitalista, cada um é, portanto, objeto de uma dupla exploração, tanto no âmbito da produção quanto do consumo. Ele se parece com aquele homem da fábula grega, do qual os deuses realizaram o desejo de que tudo que ele tocasse se transformasse em ouro, o que o levou consequentemente a morrer de fome e sede. Não apenas a atividade no local de trabalho, mas também a ocupação no tempo "livre", a raquetada do tenista, andar de carro, colocar a ficha na jukebox: tudo isso se transformou em ouro **para** o capital.

As necessidades: nós partimos do fato de que todas as necessidades são necessidades produzidas pelo capital. Ou seja, todas as necessidades são manifestações da necessidade fundamental do capital: a mais-valia. "Portanto, a produção não produz apenas um objeto para o sujeito, mas também um sujeito para o objeto".[12] O capital é o sujeito da história, os homens não são senhores das forças produtivas. No entanto, a necessidade capitalista de mais-valia está em contradição com a necessidade de viver de cada um; a unidade imediata e sensivelmente perceptível dessa contradição é o **sintoma**.

O **sintoma** é a unidade elementar da contradição vida-morte. E o modo de produção capitalista sempre está orientado para a destruição das forças de trabalho. Os quadros sintomáticos classificados como esquizofrenias e psicoses são o conceito de tal contradição. O desdobramento das contradições desse conceito é a resistência organizada e realizada pelo SPK.

É preciso que fique totalmente claro: aquilo que é designado como esquizofrenia e psicose é o mero resultado da contradição entre violência e vida elevada ao seu extremo, permanecendo ao mesmo tempo uma unidade calma; todo movimento humano autêntico recebe como resposta potenciais de violência. Essa unidade calma da contradição violência-vida, que "nos tempos de paz" se manifesta em cada "esquizofrênico" – e a sociedade burguesa sabe muito bem por que ela bloqueia o desdobramento dessa contradição através dos muros de manicômios, camisas de força, psicofármacos e choques elétricos – assume em estado de exceção [*Ausnahmezustand*] a forma do campo de extermínio. O campo de extermínio é – através das instituições de assistência social, prisões e manicômios – a mais alta realização do conceito de família burguesa (flores no pátio interno das prisões e manicômios, gerânios diante das janelas das barracas de Auschwitz; e qual diretor de prisão ou professor de psiquiatria não sabe anunciar em ocasiões "festivas": "Nós somos uma grande família!"; na época do Natal também não eram tocadas músicas de crente nos alto-falantes dos campos de extermínio?).

"Por outro lado, em "*Revolta contra as massas*", Bruno Bettelheim faz o relato de uma garota que, num momento de perspicácia suprema, tomou consciência e libertou-se de uma das situações de alienação mais terríveis de toda história da humanidade. Essa garota fazia parte de um grupo de judeus que estavam na fila pelados diante da câmara de gás. O oficial da SS que supervisionava a operação ouviu dizer que ela era dançarina e lhe ordenou que dançasse. Ela estava dançando e se aproximava pouco a pouco do oficial. Subitamente ela toma o seu revólver e atira nele. Seu destino estava claro, e igualmente claro estava que ela não podia fazer nada para mudar algo na situação de fato, a saber, a execução do grupo.

No entanto, ela arriscou sua vida num sentido totalmente pessoal, no qual uma possibilidade histórica encontrou ao mesmo tempo sua expressão, perdida de modo trágico no processo de genocídio nos campos."[13]

Portanto, quem se ocupa seriamente com sintomas, tem que lidar com a violência da sociedade capitalista e, ao mesmo tempo, com a organização da contra-violência. As relações sociais se traduzem totalmente na materialidade do corpo e na representação do corpo = psique; cada um [*der Einzelne*] produz seu corpo e sua psique dentro do processo de produção organizado pelo capitalismo.[14]

O sintoma é a manifestação da essência da doença enquanto **protesto e inibição do protesto**. No SPK, o objetivo da agitação era a reivindicação e utilização do momento progressista da doença, do protesto e sua organização coletiva. Até onde cada um conseguia assumir para si o momento progressista da doença dependia frequentemente da sua situação econômica e posição social. Quem era de certo modo privilegiado, possuindo a possibilidade de desabafar por meio das ofertas de consumo capitalistas (turismo, festas, etc.), ou quem possuía uma posição social que lhe permitia permanecer saudável às custas dos outros, para ele a agitação terminou com uma "cura" no sentido totalmente burguês; ele se contentara com o fato de que os sintomas mais perturbadores haviam desaparecido, assumindo, além disso, o lado reacionário da doença para si (inibição do protesto enquanto violência formal organizada contra os outros e, com isso, contra si mesmo), saindo "livremente" do SPK: ele estava saudável, ficando, assim, objetivamente do lado do capital:

"A classe dos proprietários e a classe do proletariado apresentam a mesma auto-alienação humana. No entanto, a primeira se sente bem e confirmada nessa auto-alienação, reconhecendo a alienação enquanto seu próprio poder, possuindo nela a aparência de uma existência humana; a segunda se sente aniquilada na alienação, vendo nela sua impotência e a realidade de uma existência desumana. Para utilizar uma expressão de Hegel, ela está, em seu ser repudiado [*Verworfenheit*], em rebelião contra este seu ser repudiado, uma rebelião para a qual ela é necessariamente impulsionada pela contradição entre sua natureza humana e sua situação de vida, a qual é aberta, decisiva e globalmente a negação dessa natureza."[15]

Saúde é um conceito totalmente burguês. O capital como um todo estabelece uma norma média de exploração da mercadoria força de trabalho. Por um lado, o sistema de saúde tem a missão de elevar essa norma, por outro, selecionar e conservar de modo mais econômico possível as forças de trabalho que não correspondem mais à norma – ou então liquidá-las abertamente como no terceiro *Reich*, ou, como hoje em dia, eliminá-las através da **eutanásia diferencial.**(16)

Ser saudável significa, portanto, ser explorável.

A práxis do SPK demonstrou claramente quais potenciais de violência estão disponíveis e sendo mobilizados contra a produção de necessidades não-destrutivas, contra a realização da vida. Ela também demonstrou claramente que os direitos fundamentais garantidos constitucionalmente – igualdade, integridade corporal, livre desenvolvimento da personalidade – são meros fantasmas abstratos e que mesmo a tentativa de mobilizá-los já está estigmatizada como crime. A extensão da concretização dos direitos fundamentais constitucionalmente garantidos não depende, por exemplo, do julgamento de um juiz "independente", mas do grau de contra-violência que a classe explorada está em condições de contrapor à violência do capital que destrói a vida. Daí porque a palavra de ordem "luta contra a diminuição dos direitos democráticos" é uma frase vazia.

A burguesia não hesita em exterminar milhões de forças de trabalho em nome do seu lucro caso não seja impedida pela violência material dos afetados.

A realização do direito à vida se concretiza na **guerra do povo** [*Volkskrieg*]. Toda violência **tem** que partir do povo.

Para uma pessoa que treme diante da palavra **guerra do povo**, é preciso que fique claro que ela ainda não dispõe de um conceito da violência do sistema capitalista, da luta de classes que acontece permanentemente desde cima; que 10 mil pessoas morrem por ano devido ao "sui"cídio, que 15 pessoas têm que deixar a vida diariamente devido aos ditos acidentes de trabalho, que a mesma quantidade de pessoas é exterminada anualmente em acidentes de trânsito que o equivalente à população de Offenbach. **"A guerra sempre reina nas cidades"** – Brecht.

II Teses e princípios

1. 11× doença

1) A doença é condição prévia e resultado das relações capitalistas de produção.[17]
2) Enquanto condição prévia das relações capitalistas de produção, a doença é **a** força produtiva para o capital.
3) Enquanto resultado das relações capitalistas de produção, a doença é, em sua forma desenvolvida enquanto protesto da vida contra o capital, **a** força produtiva revolucionária para os seres humanos.
4) A doença é a única forma através da qual a "vida" no capitalismo é possível.
5) Doença e capital são idênticos: à medida que o capital morto é acumulado – andando de mãos dadas com o aniquilamento do trabalho humano, o dito aniquilamento do capital –, crescem a propagação e a intensidade da doença.
6) As relações capitalistas de produção implicam a transformação do trabalho vivo em matéria morta (mercadorias, capital). A doença é a expressão desse processo em constante expansão.

7) Enquanto desemprego dissimulado e sob a forma de encargos sociais, a doença é o amortecedor de crises[18] **no** capitalismo tardio.[19]
8) Em sua forma não desenvolvida, ou seja, enquanto inibição, a doença é a prisão interior de cada um [*des Einzelnen*].[20]
9) Se a doença é retirada da administração, exploração e custódia das instituições do sistema de saúde, e aparece sob a forma de resistência coletiva dos pacientes, o Estado é obrigado a intervir e a substituir a ausência de prisão interna do paciente por prisões externas "de verdade".
10) O sistema de saúde só sabe lidar com a doença sob a condição de total ausência de direitos dos pacientes.
11) A saúde é uma quimera biológico-nazista[21] cuja função, na cabeça dos idiotizadores e idiotizados desta terra, é o mascaramento do condicionamento social e da função social da doença.

2. Três pontos de partida da práxis-SPK

I. Nós partimos do fato de que na nossa sociedade todo paciente tem o direito à vida, portanto o **direito ao tratamento**, e de fato:
   1) Porque "sua" doença é socialmente condicionada.
   2) Porque a capacidade de tratamento e as funções médicas estão socialmente institucionalizadas.
   3) Porque todos, sejam trabalhadores, donas de casa, aposentados, estudantes ou secundaristas, pagaram as instituições do sistema de saúde através de encargos sociais, que constituem cerca de 35% ou mais do salário líquido pago, sendo forçosamente retidos antes de usar tais instituições.

II. Do direito ao tratamento deduzido no ponto I também deriva concludentemente a necessidade do **controle pelos pacientes**
   1) das instituições de assistência aos enfermos: direito domiciliar dos pacientes nos centros hospitalares.
   2) da formação e da práxis médicas através
      a) da determinação da ciência de acordo com as necessidades dos doentes, ou seja, da população enquanto proletariado

sob a determinação da doença – princípio da Universidade do Povo enquanto socialização do meio de produção ciência.

b) do direito domiciliar e condições de trabalho, controle do orçamento da universidade por pacientes da universidade.

c) da realização do direito dos pacientes de autodeterminar se querem e como querem ser tratados.

3) do tipo de cobrança e utilização dos encargos sociais, do orçamento da seguridade social e dos caixas da previdência.

III. **Na relação médico-paciente**, na situação terapêutica, o paciente experimenta, como em um foco, seu papel de total objeto desprovido de direitos diante e dentro das relações sociais, dentre as quais a relação médico-paciente é somente uma a mais.

Essa situação, essa relação é, portanto, **o** ponto de partida para transformar em consciência orientada pelas necessidades, as relações sociais existentes em geral, das quais o paciente é objeto. Dessa consciência orientada pelas necessidades derivam as máximas necessárias à ação: emancipação, cooperação, solidariedade e identidade política.

3. 10 princípios da práxis-SPK

1) As **necessidades** dos pacientes são o ponto de partida do nosso trabalho.
2) No processo de autocontrole mútuo dos pacientes em **agitação pessoal e em agitação em grupo**, as necessidades são reconhecidas em seu duplo papel de produto e de força produtiva.
3) Na agitação pessoal e em grupo, **todo** material "oferecido" pelo paciente é por princípio trabalhado.
4) Por meio da agitação pessoal e em grupo, as condições exteriores e objetivas de existência, tanto de cada paciente como do coletivo de pacientes como um todo, encontram um lugar na práxis coletiva.
5) O trabalho em e com as necessidades pessoais e coletivas só é possível no contexto da agitação pessoal, agitação em grupo e grupos de trabalho científico (elaboração coletiva da teoria necessária).

6) As necessidades dos pacientes, objetivadas nesse contexto na agitação pessoal e em grupo, são concentradas em grupos de trabalho e generalizadas sob a forma de necessidade coletiva enquanto unidade da necessidade e do trabalho político (**identidade política**).
7) A forma e o conteúdo dos grupos de trabalho são determinados pelas necessidades desenvolvidas dos pacientes. A **dialética hegeliana** e a **crítica marxista da economia política** se revelaram como método determinante e estimulante.
8) No processo de agitação pessoal, de agitação em grupo e nos grupos de trabalho, conhecimentos especializados e capacidades adquiridas pelos pacientes, em particular aqueles portadores de funções médicas, são **socializados**, de modo que o desnível cultural condicionado pelas diferenças na educação e na formação é desconstruído no SPK.
9) Os produtos-SPK são: **Emancipação – Cooperação – Solidariedade – Identidade política**.
10) Finalidade e etapas do nosso trabalho: superação enquanto incorporação [*Aufhebung*] e desenvolvimento máximo de cada um no coletivo; criação de novos coletivos em outros lugares e socialização do método-SPK em organizações e grupos já existentes (**expansionismo multifocal**); superação enquanto fusão [*Aufhebung*] de todos os coletivos na universalidade da **revolução socialista**.

4. A "universidade do povo" como princípio

A ciência tem que ser liberada de sua função parasitária e hostil à vida. Se cem pessoas produzem o suficiente para que cento e uma pessoas possam viver do seu produto coletivo, pode-se ter certeza de que a centésima primeira pessoa se tornará "cientista". Isso significa que ela tentará dirigir e regular o processo social de produção dos cem produtores de acordo com princípios "científicos".

A condição e resultado das relações capitalistas de produção são uma ciência que sempre tem que elaborar métodos cada vez mais modernos e refinados de regulação e direção (cibernética) do processo de produção no sentido da maximização do lucro. Isso significa que relações de produção hostis à vida são produzidas. A verdadeira terapia desse "desenvolvimento" social é a luta pela socialização dos meios de produção, que também é uma luta pela apropriação coletiva da ciência pelos explorados, portanto uma luta pela produção coletiva das relações sociais em que todos – conforme as necessidades coletivas de todos os que constituem essa sociedade – são cientistas, isto é, portadores conscientes das relações sociais de produção.

Não basta que cientistas pretendam dedicar-se à ciência em prol dos seres humanos. Eles deveriam dedicar-se à ciência em prol dos seres humanos **doentes** (pois não existem outros), colocando tal ciência nas mãos daqueles que precisam dela para a satisfação de suas necessidades, ou seja, nas mãos dos *doentes*. No entanto, não se pode exigir isso dos cientistas, pois eles não estão dispostos a essa "renúncia de si",[22] a essa negação da sua função orientada pelo capital. Pois, para os proprietários do capital, a ciência é um meio de produção do qual querem dispor e continuar dispondo. Por isso, constroem torres de marfim (universidades) para os cientistas. E eles fazem ciência de tal modo que não precisam sair dessas torres, isso a tal ponto de não conseguirem nem mesmo sair delas – ou seja, constroem sua própria torre de marfim. É por isso que os **doentes** têm que tomar a ciência em suas próprias mãos. Daí o princípio da "**Universidade do Povo**". Os proprietários do capital criam para os **doentes** estabelecimentos de detenção (manicômios, clínicas de tratamento, prisões) dos quais eles querem sair, e até mesmo **devem** sair!

5. O SPK enquanto universidade do povo

1) Nós não fizemos do "certificado de conclusão do ensino secundário" nem do porta-níqueis o critério de admissão no SPK, mas as **necessidades**.
2) Ao contrário da universidade, que, de acordo com a lei universitária de Baden-Württemberg, não admite estudantes considerados "doentes" por qualquer razão e por qualquer um, estudantes que são, portanto, afastados da universidade, nosso ponto de partida era de que todos estão **doentes** e nos declaramos competentes para todos aqueles que compreenderam isso especialmente em seus próprios corpos.

3) Ao invés da acumulação do saber e capacidades [*Können*] de cada um exploráveis pelo e em prol do capital, tratava-se para nós da **socialização** de todos os conhecimentos e métodos científicos necessários em prol das necessidades da população doente.
4) À autonomização no sentido de desvinculação e à alienação da ciência em relação às necessidades práticas dos doentes, contrapomos a ciência a serviço da **crítica praticada** por aqueles que são afetados pelas relações sociais.
5) Ao invés de proclamar a liberdade de pesquisa e ensino (liberdade de que e para quem?), aprendemos e pesquisamos coletivamente para que os seres humanos se libertem das violências e coerções sociais.
6) Ao invés do princípio de concorrência (provas) e determinações externas (através das necessidades de lucro e acumulação do capital), fizemos da **práxis coletiva** e da **autodeterminação coletiva** o fio condutor do nosso trabalho científico.

O ministro da Educação de Baden-Württemberg(23) (no decreto de 18 set. 1970) e o senado da Universidade de Heidelberg (com a deliberação de 24 nov. 1970) recusaram conceder aos pacientes organizados no SPK a base material à qual tinham direito para seu trabalho científico no âmbito da universidade, apesar dos três pareceres positivos de cientistas reconhecidos que fizeram o parecer a pedido da reitoria e do conselho administrativo:(24)

- No âmbito de uma universidade que só existe por causa da mais-valia extorquida da população assalariada doente e do dinheiro dos impostos roubado através da retenção salarial permanente.
- No âmbito de uma universidade em que as Faculdades de Ciências Naturais e de Medicina fazem pesquisas para a guerra e a dita pesquisa de base para os programas de extermínio em massa do imperialismo capitalista tanto dentro do país(25) quanto no exterior, em cuja Faculdade de Medicina a psiquiatria policlínica é praticada como psiquiatria policial pelo diretor da clínica, von Baeyer, e o médico-chefe, Oesterreich,(26) que mandaram expulsar os pacientes da clínica com violência policial no início de março de 1970.
- No âmbito de uma universidade em que a Faculdade de Ciências Humanas elabora, a mando da CIA e de outros agentes do capital, contraestratégias contra movimentos de liberação da população.

- No âmbito de uma universidade em que a Faculdade de Direito desenvolve e aplica métodos "científicos" para perpetuar a total ausência de direitos dos pacientes.[27]
- No âmbito de uma universidade em que o ministro da Educação Hahn é catedrático na Faculdade de Teologia: o mesmo professor Hahn que, dia 9 nov. 1970, qualificou os pacientes de "**erva daninha** que não podia mais ser tolerada, tendo que ser eliminada o mais rápido possível".
- No âmbito de uma universidade cujo reitor, o teólogo e professor Rendtorff,[28] assumiu por escrito o compromisso diante dos pacientes, no dia 9 nov. 1970, de anular as medidas de desocupação desses pacientes do âmbito da universidade, e que, alguns dias depois, deixou invalidar sua própria assinatura pelo senado, do qual ele mesmo é presidente.
- Finalmente, no âmbito de uma universidade cujos estudantes não levantaram um único dedo a favor dos doentes até o dia do ataque contra o SPK em 21 jul. 1971, ataque efetuado por policiais armados e aprovado pela reitoria.

III Parte histórica

6. A policlínica a serviço da ciência dominante

Graças à iniciativa de alguns médicos, nos últimos anos a policlínica psiquiátrica da Universidade de Heidelberg passou por uma transformação em suas tarefas e método de trabalho até o dia em que cerca de 60 pacientes e o médico responsável foram expulsos, em fevereiro de 1970.[29] Esses médicos perceberam em sua práxis diária que o método tradicional de trabalho é mais do que nunca incapaz de dar conta da miséria psíquica crescente das massas. A principal função da policlínica era e continua sendo a de um local de passagem, de uma estação de distribuição da "mercadoria doente", de um espaço ligado à sua função de formação e etapa da carreira de médicos especialistas. "Casos" que os médicos residentes e especialistas não conseguiam lidar, mas que também não queriam internar diretamente numa "clínica" fechada de "tratamento", são enviados à policlínica para exame e, a partir daí, dirigidos aos pavilhões de internos da clínica central ou – devido aos raros leitos disponíveis para pacientes com seguro-saúde obrigatório – encaminhados para instituições fechadas. Os tratamentos só são realizados com pacientes considerados como adequadamente qualificados. Qualificações estas determinadas pelo interesse que o médico responsável tem no dinheiro ou na exploração "científica" da doença do paciente. Os critérios de seleção para uma psicoterapia estão orientados de acordo com a idade e o nível de instrução do paciente. Isso vai tão longe que pacientes acima de 35 anos ou sem diploma do ensino secundário [*Abitur*] não são aceitos para o tratamento. Portanto, o trabalho da policlínica não está de modo algum orientado pelas necessidades da esmagadora maioria dos doentes, mas por interesses ligados ao lucro, à carreira de poucos médicos e ao sistema rigorosamente hierárquico da dita saúde pública. Essa hostilidade contra os pacientes não é específica da policlínica, mas uma característica de todo o aparelho de "saúde", desde o médico residente até o manicômio. Na policlínica, enquanto rampa de seleção [*Selektionsrampe*][d] para as diferentes instituições de tal aparelho, a desumanidade desse sistema fica patente de modo exemplar.

7. A policlínica a serviço do cuidado dos doentes

Essa função da policlínica foi claramente identificada por aqueles que estavam dispostos a confrontar-se com o problema e que reconheceram no trabalho de pesquisa dos médicos da universidade uma hostilidade tendencial e uma prática contra os pacientes, a violação do mandamento médico "*Primum nil nocere*" ("Primeiro, não causar dano").[30] Durante as confrontações entre pacientes e a hierarquia da clínica, ficou claro, porém, que os responsáveis não eram de modo algum cegos e ignorantes diante dessa problemática, mas estavam prontamente dispostos a sacrificar os pacientes no altar da sua "ciência". Com o aval do diretor da clínica, von Baeyer, em fevereiro de 1970, o médico-chefe Blankenburg[31] pronunciou-se abertamente diante dos pacientes do seguinte modo: "A ciência exige suas vítimas. Se a pesquisa e o cuidado dos doentes entram em conflito, cabeças têm que rolar". Nós contestamos: "Nesse

---

d *Selektionsrampe*, termo que era utilizado nos campos de concentração de Auschwitz. [N.T.]

caso, as cabeças dos pacientes!", contestação que foi confirmada com um sorriso cínico desses senhores.

Os "colegas" carreiristas utilizaram a confrontação entre a direção da clínica e alguns médicos em prol de seus interesses egoístas de lucro, médicos esses que não se curvavam mais à ditadura hostil aos pacientes e faziam das necessidades dos doentes o ponto de partida da terapia. No entanto, os médicos que lutavam pelos pacientes, e não pelo lucro, foram demitidos.

Assim, em maio de 1969 foi retirada do médico diretor da policlínica, o dr. Spazier, a possibilidade previamente aprovada de fazer concurso para professor catedrático. O médico dr. Rauch[(32)] foi transferido[(33)] e o médico dr. Huber, demitido junto com os pacientes e punido com a proibição de entrada na clínica psiquiátrica e na policlínica.

A cooperação entre médico e paciente não é prevista pelo sistema dominante, a relação médico-paciente se define antes de tudo pela distância e mediação. O médico que está acostumado a considerar seus pacientes como um caso, como uma coisa, tem que aprender a abandonar a definição das formas de expressão da população doente por meio de diagnósticos, e entendê-las como uma manifestação vital adequada à realidade dos oprimidos. A formação de uma consciência proletária, como condição prévia e instrumento de uma terapia progressista em escala de massa, só é possível se o médico enquanto pessoa abandona sua pretensão de dirigir o processo terapêutico. Para isso, é necessário reconhecer que o próprio pretenso sujeito médico também é objeto dessas condições! O médico não recebe os instrumentos e conhecimentos necessários para uma terapia orientada pelas necessidades dos pacientes na faculdade, em conferências, seminários e congressos, mas somente na confrontação cotidiana com a realidade dos pacientes, com a miséria da exploração e da opressão. Face a face com essa realidade está um sistema presunçoso, de hierarquia petrificada na forma de sistema de saúde, que é pago forçosamente pelos pacientes através de encargos sociais e impostos.

Conferências acadêmicas com colegas de profissão, que conhecem e tratam os doentes apenas com o rótulo do diagnóstico, não servem para nada e acontecem às custas do tempo de espera dos pacientes. O pretexto para a destituição do dr. Huber também foi, assim, o fato de ele não participar dessas conferências, que eram uma perda de tempo (o tempo dos pacientes) e ineficazes, isto é, estavam a serviço das funções de seleção da policlínica. Na realidade, o trabalho terapêutico se transformou com e para os pacientes numa crítica prática das instituições do aparelho de saúde e sua exploração da doença.

Nas clínicas universitárias, o sistema de saúde, ao menos de acordo com sua tendência possível, está socializado no sentido progressista. Aqui existe, portanto, a possibilidade e, com isso, a obrigação, para os médicos, de tornar acessíveis esses privilégios à população (que afinal paga por eles).

As clínicas universitárias gozam de determinados privilégios em comparação com os médicos com consultório e os hospitais públicos e municipais:

1) Os médicos que trabalham nas clínicas universitárias não dependem dos honorários ou do atestado do seguro-saúde dos pacientes; eles recebem um salário fixo – embora modesto. O trabalho administrativo e a equipagem com instrumentos médicos são responsabilidade da direção da clínica.
2) A prescrição de receitas médicas é livre, ou seja, não está sujeita ao controle e restrições impostos pela caixa da previdência ou pelas associações médicas dos seguros-saúde obrigatórios, como no caso dos médicos com consultório. Essa "liberdade de prescrição da receita" está fundamentada nas tarefas de pesquisa de uma clínica universitária: a pesquisa farmacológica da indústria farmacêutica orientada exclusivamente pelo lucro é fomentada pelo Estado com o dinheiro dos pacientes.

8. A auto-organização dos pacientes

Os pacientes não estavam mais dispostos a ser administrados, deslocados e despachados de forma pior do que gado. Eles reivindicavam seu direito à terapia e começaram a se organizar. Foi assim que aconteceu, no dia 12 fev. 1970, na clínica psiquiátrica da Universidade de Heidelberg, a primeira assembleia geral de pacientes da história da medicina. Nela foi exigida a demissão do novo diretor da policlínica, o dr. Kretz,[34] que já havia dissolvido diversos grupos terapêuticos desde sua tomada de posse em outubro de 1969; dentre os quais, um grupo de pacientes idosos que havia transferido sua residência precisamente para Heidelberg a fim de fazer o tratamento necessário para sua existência, tratamento que, para eles, não era possível em nenhum outro lugar. Além disso, o dr. Kretz tentou substituir os médicos que trabalhavam até então na policlínica, em particular o dr. Huber, por seu próprio "*team*". Uma pesquisa estatística realizada pelos pacientes na sala de espera da policlínica teve como resultado uma proporção de 12 pacientes com o dr. Huber para 1 paciente com o dr. Kretz. Além disso, os pacientes decidiram formar uma comissão cujo objetivo seria elaborar para a policlínica uma constituição correspondente a suas necessidades. No corredor foi colocado um quadro de avisos para os informativos e comunicações dos pacientes, quadro que foi arrancado alguns dias depois pelo diretor da policlínica, o dr. Kretz, diante dos olhos de uma paciente que queria ler um aviso, a qual depois disso sofreu uma crise de choro.

A direção da clínica não queria mais tolerar dentro da clínica pacientes que estavam se emancipando e organizando. Os pacientes com os quais não se podia mais fazer aquilo que se quisesse eram inutilizáveis para a "ciência". Durante um *teach-in* dos pacientes, realizado no anfiteatro da clínica psiquiátrica na presença dos diretores da clínica, von Baeyer, prof. Bräutigam,[35] e dos médicos-chefes e médicos assistentes das clínicas psiquiátrica e psicossomática da universidade, os pacientes exigiram mais uma vez a revogação da destituição do dr. Huber e a renúncia do dr. Kretz. Após doze horas, a consequência foi a destituição imediata do dr. Huber, que foi proibido de entrar na clínica.

Depois de um dia e meio de greve de fome que os pacientes fizeram na sala de serviço do diretor administrativo das clínicas universitárias, o reitor da universidade, Rendtorff, se viu obrigado a colocar à disposição deles as condições materiais para a continuidade da terapia e auto-organização dos pacientes: espaços da universidade, assim como apoio financeiro regular e prescrição livre de receitas médicas. Esse foi o conteúdo do assim chamado compromisso que teve lugar no dia 28 fev. 1970, com a participação da Faculdade de Medicina (os decanos Schnyder e Quadbeck),[36] do diretor da clínica, von Baeyer, assim como dos estudantes do grupo de base de medicina. O compromisso foi concluído entre os pacientes e o reitor Rendtorff. A aceitação do compromisso pelos pacientes sucedeu-se sem o acordo do dr. Huber, que declarou, apenas diante dos pacientes, que estava disposto a continuar colaborando com eles.

Através da institucionalização efetiva e de fato como grupo de trabalho autônomo nos espaços da universidade, os pacientes conseguiram que toda a universidade, através da assinatura do reitor, confirmasse a incompetência da Faculdade de Medicina para o tratamento e cuidado dos doentes. No entanto, o cumprimento e a execução do compromisso fracassaram desde o início:

1) Os espaços de trabalho que (às custas dos contribuintes) haviam ficado desocupados por mais de meio ano precisaram primeiro passar por uma reforma, realizada pelos pacientes.
2) A prescrição livre de receitas garantida foi sabotada de modo criminoso pelo diretor da clínica, von Baeyer, e pelo médico-chefe, Oesterreich. (Oesterreich: "Não podemos deixar Huber prescrever receitas. Ele poderia prescrever dinamite!"): pacientes que queriam falar com von Baeyer sobre a realização técnica da prescrição de receitas foram violentamente expulsos da clínica pela polícia, chamada por ele, sendo formalmente punidos, desde então, com a proibição de entrada nos espaços da clínica. O médico-chefe Oesterreich, impôs um bloqueio de receitas contra a auto-organização nas farmácias de Heidelberg, ou seja, receitas emitidas pelo dr. Huber não eram mais aceitas. O médico-chefe Oesterreich – que nesse meio-tempo havia prestado concurso para professor catedrático com sua tese sobre doenças na velhice – enviou, por telefone, um aposentado mutilado de guerra, que queria apresentar uma receita numa farmácia, ao pró-reitor Podlech para que este endossasse sua receita (Podlech era um jurista que estava ocupado com a realização do compromisso). Esse aposentado mutilado de guerra foi insultado por Oesterreich numa assembleia pública do seguinte modo: "Você está vendo, isso é obra **sua**, dr. Huber".
3) Entre os meses de março e julho, a soma global mensal assegurada não foi paga pela reitoria. Além disso, ela ameaçou ordenar o despejo dos locais de trabalho e cortar o telefone. A reitoria tentou catapultar

de modo totalmente arbitrário os pacientes para fora dos espaços da universidade através de um contrato ditatorial até o dia 30 set. 1970. A reitoria quis que Huber confirmasse por escrito que os pacientes não teriam mais nenhuma necessidade de terapia qualificada a partir do dia 30 de setembro. Como instrumento de pressão, a reitoria usou contra a auto-organização o bloqueio da fome, a privação de todos os meios para viver: a universidade se negou a pagar o dinheiro garantido no "compromisso". Logo ficou claro que o "compromisso" era uma operação autoritária e ditatorial contra a auto-organização dos pacientes; o cuidado dos doentes na forma do compromisso foi desmascarado como mais um passo na estratégia de aniquilamento dirigida contra os pacientes.

9. O coletivo socialista de pacientes

Após quatro meses de chantagem contínua e bloqueio de fome imposto pela reitoria, os pacientes ficaram finalmente fartos e no dia 6 jul. 1970 ocuparam o escritório do reitor Rendtorff. Eis as exigências do Coletivo Socialista de Pacientes diante da reitoria:

1) Controle pelos pacientes da assistência aos doentes; abolição da determinação alheia do sistema de saúde, por exemplo pela indústria e pelo exército etc.
2) Controle do direito domiciliar na clínica pelos pacientes. Como regulamento de transição, o direito domiciliar é delegado ao reitor.
3) Os pacientes organizados tomam posse do dinheiro da clínica. A título de solução de transição, todo o dinheiro da clínica vai para o caixa geral da universidade.

A primeira medida para a realização de tais exigências é:

a) A entrega gratuita e por tempo ilimitado de uma casa onde os pacientes estejam protegidos de ataques de fora. A casa deve ter ao menos dez quartos. A universidade se encarrega de todo o equipamento terapêutico necessário, assim como dos gastos correntes. Dois portadores de funções médicas do Coletivo de Pacientes assumem a assistência aos doentes, sendo pagos pela universidade. São colocados à disposição os meios para a realização dos trabalhos de escritório e atividades de assistência social.

b) A entrega imediata, gratuita e por tempo ilimitado de uma casa com no mínimo dez quartos para abrigar e alojar os pacientes ameaçados especificamente pelas relações dominantes. Isso é necessário para protegê-los de uma ameaça contínua da psiquiatria estabelecida.

c) Até a tomada de posse das novas instalações, o **COLETIVO SOCIALISTA DE PACIENTES** permanece na Rohrbacherstrasse, n. 12.

A universidade assume todos os custos que surgiram desde março e que ainda surgirão até a tomada de posse das novas instalações – deduzindo os pagamentos já efetuados pela universidade em conformidade com os acordos fixados no compromisso. As verbas ainda pendentes devem ser imediatamente transferidas.(37)

Os pacientes exigiam o poder de disposição dos produtores sobre os meios de produção, exigiam as condições materiais para a transformação da Universidade do Capital em **Universidade do Povo**. Exigência que estava, aliás, em consonância com a constituição e as diretrizes básicas dessa universidade, que se declara, no § 2., como lugar de produção da "ciência para o homem". A título de primeira medida no âmbito dessa ampla exigência, foram exigidos a institucionalização jurídico-formal do SPK como instituição da universidade, a disponibilização de instalações universitárias adequadas às necessidades dos pacientes e um orçamento realista para a auto-organização dos pacientes.

No dia 9 jul. 1970, o conselho administrativo da universidade decidiu iniciar e ativar a institucionalização do SPK como instituição da universidade, encarregando três cientistas reconhecidos da elaboração de um parecer sobre o trabalho e a função do SPK.(38) Os cientistas se posicionaram a favor da institucionalização do SPK na universidade.

A difamação e a incitação do público na imprensa e no rádio contra os pacientes, que até a resolução do conselho administrativo eram praticadas exclusivamente pela Faculdade de Medicina (pró-decano dr. Kretz) e pela Faculdade de Psiquiatria/Psicossomática (o vice-diretor dessa faculdade, o dr. Kretz) através de comunicados de imprensa, cartas abertas e cartas de leitores, fortaleceram-se agora através da voz do ministro da Cultura de Baden-Württemberg, o prof. Wilhelm

Hahn, do *Underground* Democrata Cristão (CDU). A imprensa burguesa reacionária deu espaço em suas colunas para os artigos de instigação daqueles que se arrogavam o direito de falar em nome dos pacientes, enquanto as declarações, contraposições ou desmentidos dos pacientes eram mutilados e deformados em seu sentido ou simplesmente não eram publicados. Já no dia 20 jul. 1970, por meio de um comunicado de imprensa, o ministro da Cultura qualificou a resolução do conselho administrativo como "ilegal no mais alto grau", declarando na rádio que os pacientes do SPK tinham que "ser submetidos o mais rápido possível ao tratamento que merecem e precisam". Em seu decreto do dia 18 set. 1970, ele finalmente proibiu a universidade de realizar a resolução de seu conselho administrativo. Essas campanhas públicas de difamação dos médicos, favorecidas e apoiadas pelo ministro da Cultura, incidem sobre o trabalho dos pacientes: por um lado, mostram claramente a hostilidade fundamental das instituições médicas e acadêmicas contra os pacientes; por outro lado, membros da família e empregadores dos pacientes, que só conheciam o SPK através dos artigos de instigação dos adversários, procuram – parcialmente com sucesso – pressionar os doentes incômodos, incômodos para as autoridades, e dissuadi-los de participar do SPK.

Essa experiência mostrou de modo concreto e sensível a relação entre a consciência burguesa, o dito senso comum saudável e a racionalidade do capital, isto é, a efetividade dessa relação.

10. A sentença de despejo e a deliberação do senado

A primeira sentença de despejo contra os pacientes (formalmente contra o dr. Huber), do dia 14 nov. 1970, foi mais uma tentativa de liquidar com o SPK. Já no dia 9 nov. 1970, o ministro da Cultura, Hahn, declarou (com a sentença de despejo no bolso) que os pacientes do SPK são uma "erva daninha que não pode mais ser tolerada, tendo que ser eliminada o mais rápido possível por todos os meios disponíveis".

Na mesma noite, o reitor da universidade, Rendtorff, assumiu por escrito e diante do SPK o compromisso de retirar a ação de despejo apresentada pela universidade por iniciativa de Hahn, e de impugnar, diante de um tribunal administrativo, o decreto do Ministério da Cultura do dia 18 set. 1970 em que a ação de despejo estava baseada. Com a sua assinatura, Rendtorff também declarou que iria apresentar, ao senado, como o órgão competente da universidade, a solicitação de institucionalização formal do SPK por meio de consulta aos peritos da reitoria: Richter, Brückner e Spazier.

Após essa declaração, o primeiro passo do reitor foi permitir que o senado, do qual ele mesmo era presidente, determinasse a nulidade da sua própria assinatura (colocando-se sob tutela). Em decorrência disso, no dia 16 nov. 1970 os pacientes solicitaram junto ao tribunal administrativo uma interdição provisória contra o pogrom e a campanha de difamação do ministro da Cultura, Hahn, e apresentaram queixa judicial contra o decreto do dia 18 set. 1970, ambos através do recurso a direitos fundamentais tais como o direito à inviolabilidade da pessoa e à liberdade de pesquisa e ensino. Devido à tática de retardamento do tribunal, a queixa só foi "tratada" em janeiro de 1972. Nesse meio-tempo, a queixa foi rejeitada e os pacientes, condenados a pagar as custas.

No dia 24 nov. 1970, sem consultar os peritos acima mencionados, mas o médico e professor dr. Heinz Häfner como *expert* em maximização do lucro através da exploração dos doentes, o senado finalmente deliberou, durante uma sessão secreta e a pedido da Faculdade de Medicina (Schnyder, Kretz), "que o SPK não pode se tornar uma instituição na e da universidade". Por uma instrução esperta do decano da Faculdade de Direito, o professor dr. Leferenz, e iniciativa dos membros da Faculdade de Matemática e de Ciências da Natureza, essa decisão deveria ser executada imediatamente pelo chanceler[e] da universidade "por via administrativa com utilização de instrumentos estatais". Com fé evidentemente ilusória no caráter obrigatório da assinatura do teólogo Rendtorff, o dr. Huber interpôs, juntamente com os pacientes do SPK, um recurso contra a sentença executável de despejo por meio de um advogado no dia 4 nov. 1970. No dia 13 mai. 1971 saiu uma nova sentença executável de

e Nas universidades alemãs, Kanzler = chanceler é uma espécie de secretário-geral administrativo. [N.T.]

despejo contra o SPK (ou seja, contra o dr. Huber). A apelação apresentada pelo SPK junto ao tribunal contra a execução dessa sentença nunca foi tratada por este.

11. O despejo forçado

Ao invés disso, nos dias 24, 25 e 26 jun. 1971, pacientes do SPK foram arbitrariamente detidos e submetidos a interrogatórios, violência física, busca domiciliar (obviamente sem mandado judicial), ameaças e sequestro à mão armada de reféns.(39) Essa ação policial com helicópteros, cachorros, armas, metralhadoras e centenas de agentes policiais atuando de uniforme e à paisana foi realizada em conexão com uma construção imaginária altamente relevante do Ministério Público e da polícia, construção conhecida na psicopatologia das ideias fixas e delirantes como "relacionar coisas sem causa". Com o auxílio da muleta jurídica "perigo iminente", essa construção associou o SPK a um tiroteio entre a polícia e dois motoristas até hoje não identificados, tiroteio que havia acontecido dia 24 jun. 1971 próximo ao apartamento de um paciente do SPK.

Com exceção de dois pacientes, todos os detidos foram colocados "em liberdade" após 47 horas no máximo. Para os dois pacientes do SPK que permaneceram detidos, foram finalmente expedidas duas ordens de prisão com o auxílio da acusação de que seriam membros de uma associação criminosa. A permissão de visitas lhes foi negada (inicialmente até mesmo para os cônjuges) por pertencimento ao SPK. Do mesmo modo, até hoje o Ministério Público e juízes não levaram em consideração um parecer médico especializado que certificava a necessidade urgente de permissão de visitas para ao menos 40 pacientes do SPK que haviam cooperado, em agitações pessoais e em grupo, com os dois pacientes mantidos presos. Nas primeiras horas da manhã do dia 21 jul. 1971, um dia **antes** da execução da sentença de despejo anunciada pelo judiciário, centenas de policiais armados com metralhadoras e com cachorros atacaram finalmente os espaços de trabalho do SPK, espaços que já no dia 13 de julho foram fechados publicamente por nós como espaços de trabalho para pacientes, devido ao fato de que não era mais possível justificar que os pacientes assumissem o perigo causado pelo terrorismo dos dedos-duros policiais. Ao mesmo tempo, outros dez apartamentos de pacientes – a maioria já havia sido revistada pela polícia em junho – foram novamente invadidos e revirados. Nove pacientes do SPK foram detidos em oito prisões diferentes espalhadas por toda Baden-Württemberg, mantidos em incomunicabilidade rigorosa e submetidos a interrogatórios e represálias constantes. Por iniciativa do Ministério Público, nove dos onze presos não tiveram mais nenhum representante jurídico (defesa): o advogado dos pacientes do SPK detentos foi inculpado, sem mais, do encobrimento dos seus mandatários, sendo-lhe proibido fazer a defesa deles, contra os quais nem sequer havia sido feita acusação alguma. A proibição de defesa teve que ser suspensa após um mês.

Nesse meio tempo, nove dos onze detentos foram colocados em "regime de liberdade condicional", alguns sob pagamento de fiança. Significativamente, os dois médicos rotulados como cabeças ainda continuam presos.[40]

12. A ilegalidade dominante, a ausência de direitos e os pacientes

Nossa força enquanto pacientes reside no fato de que estamos situados totalmente fora do direito burguês. Na sociedade burguesa, existe uma relação intrínseca entre propriedade e direito: é reconhecido como **pessoa** quem dispõe de propriedade. A única propriedade da qual o trabalhador dispõe é a mercadoria força de trabalho.

O sistema de saúde define como doentes aqueles que não dispõem mais da mercadoria força de trabalho, seja de modo passageiro, seja definitivo. Com a perda da mercadoria força de trabalho, todos os direitos, que estão ao menos formalmente em vigor para o proprietário da mercadoria média força de trabalho, são completamente anulados. Aquele que perdeu sua última propriedade – a mercadoria força de trabalho – não é mais um "sujeito de direito". No entanto, o resultado de tudo isso é que, quando o direito é aplicado contra nós, e isso acontece constantemente, ele não afeta **pessoas**, mas os sem direitos! Destroços de homens que, segundo a opinião comum, não possuem nenhum tipo de poder, nem sequer sobre si mesmos, muito menos sobre os outros. Porém, um direito contra os sem direitos é um contrassenso, um não direito, uma in-justiça [*Un-Recht*] pela qual não podemos nos orientar porque não nos concerne, pois não é de modo algum feito para nós.

A privação dos espaços necessários para a auto-organização, dos instrumentos, da muleta financeira e finalmente da vida, só pode ser entendida por nós como um convite à autodefesa. E, como a privação dos meios de produção e o extermínio da vida atingem todos aqueles que só possuem a mercadoria força de trabalho, todos os explorados só podem realizar seu direito à vida através da práxis de autodefesa coletiva.

Só por sermos objeto do direito penal nos tornamos com efeito juridicamente relevantes. Através da passagem do status de paciente ao status de detento preventivo ou de preso, estamos "reabilitados", passando objetivamente do status de sem direitos ao de relevância jurídica.

Afortunadamente, os poderosos da universidade não disputaram aos pacientes o privilégio da ausência de direitos dos pacientes. Pelo contrário, o reitor Rendtorff e seus seguidores chamavam insistentemente a atenção dos pacientes para seu status de sem direitos, status no qual Rendtorff e seus seguidores viam não apenas uma legitimação da violência armada contra os doentes, mas também uma mácula. No entanto, não pode surgir realmente nenhuma dúvida sobre o fato de que os pacientes faziam parte da universidade. Se não for assim, que diabos seria dos diretores de clínica e aqueles que querem se tornar diretores com seus milhões de renda às custas dos cadáveres dos pacientes?

Para os pacientes, o direito que protege os interesses do capital permanece o mesmo antes e depois da entrada em vigor do estatuto da Universidade de Heidelberg e da Lei Universitária. Enquanto pacientes, não podem fazer nenhum tipo de reivindicação. Como se sabe – e desde sempre esse é o orgulho da democracia –, todos são supostamente iguais perante a lei. Isso significa, por exemplo, que, do ponto de vista jurídico-formal, todos, realmente todos, podem tomar a liberdade de agir exatamente como, digamos, o sr. Axel Springer;[f] pois todos são totalmente

---

f Magnata da imprensa alemã mais reacionária. [N.T.]

iguais perante a lei. A realidade é outra. Obviamente nem todos podem praticar o incitamento ao ódio e campanhas difamatórias do mesmo modo que Axel Springer, embora a lei do Estado liberal e democrático de direito faça de cada um, quer queira, quer não, um Axel Springer: porém apenas como uma mera possibilidade. Na realidade, durante toda a vida eles permaneceram objetos daqueles Axel Springer. Um outro exemplo: o direito à "liberdade de pesquisa e ensino"; esse direito também é para todos. Alguns estudantes podem até recorrer a esse direito se seu bolso permitir. Como se soube recentemente, a associação de professores "União liberdade da ciência"[g] é a única a monopolizar tal direito contra a massa dos envolvidos e afetados.

Como se pode ver, todos se encontram dentro da lei ao menos formalmente. Não é assim para os pacientes. Eles não têm o direito ao tratamento, nem na universidade, nem em qualquer outro lugar. Pelo contrário, em alguns casos estão sujeitos à pressão e à violência de passar por um tratamento (vacina contra a varíola, exame com o inspetor médico de "confiança" da seguradora etc.), sem a possibilidade juridicamente fixada de influir e intervir em seus conteúdos, circunstâncias etc. Todos podem adoecer gravemente, todos são potencialmente pacientes; o que já se nota pelos encargos sociais.

Esse Estado liberal e democrático de direito, cuja necessidade é constantemente justificada pelos defensores e administradores do capital com o argumento de que cada um tem muita necessidade dele para sua proteção, esse mesmo Estado não protege aqueles que o sustentam com os seus encargos sociais. Temos que nos precaver diante de um Estado que reage com meios legais contra as reivindicações daqueles que precisam da sua proteção e que ele finge proteger!

Eis como a ausência de direitos dos pacientes se manifestou concretamente para o SPK:

1) **Segundo a lei**, os doentes não têm **nenhum** direito na clínica da universidade. Eles são, como em geral em todos os outros lugares, no

g *Bund Freiheit der Wissenschaft*, associação supostamente defensora da liberdade da ciência. Na verdade, trata-se de uma associação de professores e intelectuais reacionários, dentre os quais alguns são notoriamente conhecidos por seu passado nazista. [N.T.]

melhor dos casos tolerados ali. Mas até isso apenas dentro de certos limites, a saber, enquanto não causarem nenhum transtorno a seus exploradores e aproveitadores, enquanto estiverem de boa vontade dispostos a consentir – melhor com plena gratidão! – tudo aquilo do qual seus aproveitadores contam tirar suas próprias vantagens.

2) Os médicos da universidade podem expulsar os pacientes com o consentimento de seus superiores. Do ponto de vista jurídico, essa exploração da "mercadoria doença" e de outros produtos residuais é absolutamente impecável.
3) O reitor da universidade pode expulsar o médico. Se isso é solicitado por outros médicos que expulsaram os pacientes, o ponto de vista jurídico do reitor não é em nada diminuído.
4) Se o médico faz uma queixa contra sua destituição junto ao tribunal administrativo no sentido de uma queixa constitucional, os pontos anteriores permanecem obviamente intactos.
5) Se os pacientes fazem uma queixa junto ao tribunal administrativo no sentido de uma queixa constitucional (inviolabilidade da pessoa etc.), os pontos 1, 2 e 3 permanecem obviamente intactos.

Apesar dessa situação absolutamente impecável do ponto de vista jurídico, o Ministério da Cultura foi obrigado a realizar mais uma ação de despejo via reitoria: após serem expulsos da clínica, os pacientes conquistaram o direito às instalações na universidade. Para vencer a resistência dos pacientes, os responsáveis pela reitoria recorreram a uma ação de despejo no âmbito do direito civil, ação que foi formalmente dirigida de modo exclusivo contra o dr. Huber, que há tempos já havia deixado as instalações do SPK. Aqui se manifesta a covardia dos senhores supramencionados ao defender suas medidas diante do público; com certeza isso não tem nenhuma causa psicológica. Pois a população explorada – aqueles que são afetados, os doentes – balançaria a cabeça em sinal de desaprovação. Talvez alguns desinibidos até recuperassem sua fala e perguntassem: "Não há mais nada no nosso direito? – De quem é o direito afinal?... Para quem ele é útil?" e por fim: "Como podemos nos proteger efetivamente contra esse direito?".

Todos sabem que se governa permanentemente contra o povo. Porém, a luta de classes dos doentes já começou. Isso se vê, entre outras coisas, no fato de que o poder político da reação tem que se camuflar, mesmo que apenas de modo passageiro, por detrás da ação de despejo no âmbito do direito privado. No entanto, a ditadura do proletariado visa a abolição das relações capitalistas de produção e a eliminação da mutilação dos seres humanos: ela visa os momentos que concernem ao interesse público. Para tanto, o que menos falta são as leis da reação. Aquilo de que precisamos são todos os meios de autodefesa. Autodefesa cujas modalidades são determinadas pelo potencial de violência do adversário e suas brechas necessárias.

Quanto à universidade: não é preciso nenhum esforço particular para agora delinear claramente a forma do conflito.

Para seus próprios interesses e os da população – o proletariado sob a determinação da doença –, um número constantemente crescente de pacientes politicamente conscientes se organizou no SPK para conduzir finalmente a universidade ao seu objetivo originário, a saber, fazer ciência: colocar a natureza e a ciência a serviço de todos. Essa tentativa representa uma violação da lei num duplo sentido. Primeiro porque, de acordo com o estatuto da universidade e da lei universitária, os pacientes não possuem nenhum direito na universidade. Segundo porque, como autoridade supervisora, ou seja, através da retirada dos subsídios e espaços em casos de necessidade – e esse caso de necessidade evidentemente ocorreu –, o Ministério da Cultura tem que impedir as tendências científicas que visam colocar a natureza e a economia a serviço de todos.

Segundo essa visão e em todo caso, a universidade deveria ter acionado oficiais de justiça e a polícia contra as reivindicações dos pacientes – mesmo estando bem fundamentadas –, e isso em defesa da autonomia da universidade. A lei universitária e o estatuto da universidade previam que os pacientes, além do status de sem direitos que já lhes é outorgado, não possuem o direito de fazer nenhum tipo de reivindicação dentro da universidade. Se, ao invés do despejo, o ministro da Cultura tivesse dado ordens para o reconhecimento (institucionalização) do SPK – imaginem a cena se forem capazes! –, o reitor, talvez com dor no coração, deveria ter procedido juridicamente contra ele, e isso em nome da autonomia universitária conforme exigido em lei. Pois a universidade tem a obrigação legal de defender sua autonomia contra a população, sobretudo quando ela se apresenta como proletariado sob a determinação da doença. A sentença de despejo nos poupou desse momento de glória de uma autodenúncia por abuso da universidade com o objetivo de melhorar a situação geral de vida. A universidade deve estar a serviço do povão? Deus nos livre! Trata-se exatamente do contrário: que o povão esteja a serviço da economia, se submeta à violência naturalizada sob a forma do aparelho de Estado que atira com suas armas, empunha seus cassetetes, distribui caridosamente venenos em comprimidos e eletrochoques! Essa palavra de ordem dos exploradores, a quintessência de todas as suas leis, é absolutamente universal.

Graças ao fato da violência evidente, violência exercida, nesse caso, pela medicina, pela burocracia universitária, pelo governo estadual e pela justiça, a presente situação, tal como surgiu da luta dos pacientes pela sobrevivência, possibilitou uma "feliz" e rara coincidência: o autorretrato exemplar de um sistema absurdo contra o qual é necessário proteger-se com todos os meios disponíveis. Uma forma de sociedade altamente organizada, que dispõe de todas as possibilidades existentes, encontra-se diante de uma estrutura de violência historicamente ultrapassada que tem ao seu lado a aparência do direito. Ela precisa dessa falsa aparência para que a violência seja facilmente confundida com a "natureza", podendo agir, assim, de forma brutal. Por isso ela tem que se camuflar como direito, a saber, como direito que ela mesma criou para si com base na atuação violenta. Ao contrário, a violência revolucionária deve servir e ser usada somente para proteger aqueles que a empregam. Nesse caso, temos um homem por detrás da violência, no outro, a violência por detrás do direito. Direito e violência não surgem das cabeças humanas, mas das relações capitalistas de produção. A violência revolucionária nasce, ao contrário, do sofrimento que se tornou consciente, que passa a ocupar o lugar da mutilação inconscientemente aceita e transformá-la, então, em relações, conhecimentos e instrumentos para a proteção de cada um, assim como para impulsionar o desenvolvimento necessário da práxis coletiva.

O direito capitalista preenche o abismo entre população e universidade com os cadáveres daqueles que, enquanto doentes, se tornaram inconscientemente a expressão da resistência passiva contra o trabalho capitalista, doentes que não podiam mais ser remendados pela universidade para a solução final capitalista.

Na história do SPK, a violência sob a forma do direito dominante se apresentou do seguinte modo: para aniquilar a auto-organização dos pacientes, foram acionados, além dos meios jurídicos da "destituição sem aviso do médico dr. Huber do funcionalismo público e proibição de entrada na universidade", as seguintes coerções e violências – sobretudo pelos administradores do sistema de saúde – contra os doentes:

1) Idiotização e exploração de homens destroçados sem direitos no processo de produção capitalista através de um consultório médico "livre" – isto é, com possibilidades de maximização generalizada do lucro em nome de seu próprio interesse. Os privilégios da policlínica defendidos e reivindicados pelos pacientes, como receitas médicas livres, nenhuma obrigação de cobrar honorários e taxas, utilização das instalações clínicas da universidade (raio X, eletroencefalograma, laboratório etc.), deveriam ser de novo retirados dos pacientes, medidas envoltas pela "oferta" de um consultório médico "livre" para que pareça atrativo. A fim de tornar esse consultório médico "livre" ainda mais atrativo para nós, ele deveria – de acordo com as ideias do reitor Rendtorff – ser submetido a um "conselho administrativo" dos membros da universidade; conselho que nunca foi convocado para uma assembleia constituinte, e que juridicamente – pelo fato de não estar previsto de modo algum no estatuto da universidade – é de qualquer modo um contrassenso.

O objetivo da burocracia universitária era desde o início expulsar da universidade o fator perturbador da auto-organização dos pacientes e entregá-los diretamente à Direção Geral de Saúde (polícia sanitária), ao tribunal tutelar e à polícia. Essas medidas da burocracia universitária foram sustentadas por meio de difamações vindas dos neurologistas residentes, que, por um lado, tentavam mobilizar a Direção Geral de Saúde para intervir contra o SPK, e que, por outro lado, tomavam medidas para submeter novamente os pacientes isolados ao seu poder discricionário "privado".

Destituição sem aviso e proibição de entrar na universidade deveriam, assim, levar os pacientes a uma condição em que deveriam ser esmagados entre os moinhos do consultório médico "livre" e da psiquiatria universitária.

2) Através da suspensão repentina do tratamento à base de envenenamento com psicofármacos etc., considerados impecáveis segundo as condições sociais dominantes, abriram-se as portas de entrada mais importantes para a morte, pois a corrente sanguínea e a respiração são desde sempre definidas na fisiologia como "*atria mortis*" (pórticos da morte), e a retirada repentina de medicamentos sempre está ligada, na forma do dito delírio de abstinência, ao perigo de um colapso mortal da circulação e respiração.(41)
3) von Baeyer, Häfner etc., que se arvoravam em juízes dos crimes cometidos por médicos durante o regime nazista,(42) "superavam" esse passado na prática ao enviarem pacientes gravemente doentes e mutilados de guerra de instituição em instituição em busca de uma receita médica, submetendo-os com isso às estafas corporais mais pesadas.
4) Bloqueio de fome (de mar.–jul. 1970 e de dez. 1970–jul. 1971, as verbas necessárias foram retidas) e ao longo do ano (1970–71) ameaça continuamente reiterada de expulsão violenta.
5) Suicídio = assassinato: hemorragia interna provocada por se atirar de uma torre.(43) O assassinato "mais humano", pelo envenenamento com comprimidos, foi bloqueado pela destituição sem aviso e proibição de entrar na universidade, uma situação criada pelo adversário.

   Na Quinta-Feira Santa de 1971, o cadáver de uma paciente do SPK foi encontrado ao pé de uma torre na floresta situada nas proximidades de Heidelberg. O resultado do relatório de autópsia foi: morte por hemorragia interna. De acordo com o boletim de ocorrência da polícia, grandes quantidades de comprimidos encontravam-se espalhadas no local do fato. No entanto, na autópsia e no exame forense calculista não foram constatados nem mesmo vestígios de ingestão dos comprimidos. Os comprimidos não foram engolidos, mas rejeitados. A mercadoria força de trabalho não foi vendida, mas estilhaçada.

   (De acordo com o relatório final da polícia criminal, não houve culpa de terceiros pela morte da mulher.)
6) Cargas mais pesadas nos pacientes organizados por meio de vexações dos adversários sob a forma de medidas terroristas, campanha de difamação contra os pacientes, espionagem, apoio das ameaças de

morte[44] – a queixa-crime após uma ameaça de morte por telefone feita pelos pais de uma paciente ao portador de funções médicas do SPK foi examinada pela polícia e justiça apenas de forma extremamente morosa e superficial e, finalmente, "arquivada", assim como seus respectivos preparativos calculistas através da incitação de pogroms com a intervenção adicional dos ministérios, de pessoas corruptas da medicina etc.

Em suma, eis o que restou para ser indicado dessa dissecação da correlação de forças:

A realidade de fachada econômica e jurídica dos nossos adversários, aparentemente inatacável, é a destruição, mensurável em volts, unidades tóxicas, quilogramas-força e calorias, dos tecidos humanos e das formas de unidade e coesão humanas. Na prática, essa realidade da economia e do direito é comprovada por um duplo aspecto. Por um lado, através de seus efeitos tais como foram enumerados ponto por ponto na última seção, sem a pretensão de ser completa. Por outro lado, pelo fato de que reivindicamos, repetidas vezes e de modo veemente, uma base mínima para o nosso trabalho eminentemente necessário, útil e cientificamente embasado, assim como exigimos nosso direito, diante de todos os destinatários que entram em consideração. O aparelho de violência dirigido contra nós sempre se manifestou como uma violência destruidora da vida humana mensurável em volts, unidades de envenenamento, quilogramas-força e calorias. Quando atacamos corpo a corpo a violência, não mais sob o signo do direito, mas com a reivindicação da vida, por exemplo, na greve de fome em fevereiro de 1970 e na ocupação da reitoria em julho de 1970, obtivemos quase sem esforço não apenas o direito, mas também nosso dinheiro retido.

Portanto, não existe um direito a favor nem contra os doentes. O que existe antes de tudo é apenas a violência contra os doentes, porém também a violência a favor dos doentes. O direito é a violência destrutiva concedida ao adversário. A violência revolucionária é o direito de proteção da vida contra a destruição. Os doentes não têm direitos. Daí porque o direito não pode tolerar que se organizem em assembleia geral, que exerçam enquanto afetados um controle do assassinato lento (como doença reacionária), ou até mesmo que formem uma organização de massa com o objetivo de abolir a doença enquanto força produtiva para o capital, pois somente a doença mantém em marcha e impulsiona a produção e o consumo nas ilhas de bem-estar e, com isso, o negócio lucrativo do assassinato em massa no mundo.

IV O método do SPK

13. A agitação enquanto unidade do trabalho "terapêutico", científico e político

A necessidade de apreender e manejar, na práxis de agitação do SPK, os momentos econômicos, sociológicos, psicológicos, medicinais e políticos unidos na **realidade da doença como unidade** é determinante para a **organização dessa práxis**. Os trabalhos "terapêutico", científico e político se condicionam e se penetram reciprocamente. Depois que o sistema de categorias da dialética radical e da economia política marxiana, junto com os elementos progressistas da psicanálise, se revelou como **o método,**(45) a socialização necessária desses instrumentos ocorreu no contexto da agitação pessoal, em grupo e nos grupos de trabalho científico.

A origem dessas formas é historicamente determinada pelo modo como o SPK surgiu e se desenvolveu na Universidade de Heidelberg, não sendo elas automaticamente transponíveis para outras auto-organizações socialistas. Nossas considerações sobre a doença enquanto força produtiva, enquanto dimensão econômica e política, devem ser verificadas na práxis de outras auto-organizações socialistas determinadas pela doença e ganhar novos desenvolvimentos e elaborações em função das necessidades singulares desses doentes. Tudo o que é exposto no presente escrito nada mais é do que a expressão daquilo que os pacientes do SPK de Heidelberg, a primeira auto-organização de pacientes na República Federal da Alemanha e (até onde sabemos) no mundo, elaboraram durante um ano e meio de práxis coletiva. O estudo coletivo dessas considerações deve ser a mola propulsora para o desenvolvimento contínuo da auto-organização dos doentes enquanto força político-revolucionária no sentido do expansionismo multifocal.

14. Isolamento, detalhes, "objetividade", opiniões

No SPK, os pacientes isolados se tornaram cooperadores – princípio de cooperação. Desde o início era evidente para todos os pacientes que os conteúdos das agitações pessoais e em grupo – na medida em que se tratava aqui das ditas dificuldades pessoais de cada um e, com isso, de suas respectivas necessidades imediatas – só podiam ser de interesse dos participantes imediatos (parceiro de agitação pessoal, membros do grupo): de acordo com o princípio de que tais dificuldades "pessoais" são trabalhadas, objetivadas e generalizadas, não sendo – como é de costume – exploradas e abusadas para servir de base à conversa fiada, à concorrência e à condenação moral dos participantes. Através do exercício prático desse princípio, considerado como pressuposto indispensável à evolução progressiva do processo de agitação de cada paciente, a consciência da dialética dessas particularidades (fenômenos) e do todo englobante (essência) pôde ser elaborada.

O caráter abstrato dos detalhes, sintomas e dados – que são examinados "sem valoração" [*wertfrei*] e mais ou menos desconexos, sendo classificados ou dispostos de modo arbitrário em contextos preestabelecidos por regras conforme os interesses daqueles que fazem o diagnóstico, dos relatores e dos "cientistas" – constitui precisamente o esquema diagnóstico da medicina tradicional hostil à vida e à verdade, a "objetividade" dos jornalistas da imprensa e o positivismo dos juristas e "cientistas". Toda "objetividade" das mídias de massa consiste na afirmação do papel de total objeto de cada um e na classificação de todos os fatos de acordo com um certo esquema categorial determinado pelos interesses dos agentes promotores da maximização do lucro e da acumulação do capital. A pretensa objetividade das mídias de massa é um instrumento de opressão do capital. Ela se caracteriza pela separação aparente entre opinião e interesse, de um lado, e fatos, do outro. Quem determina o que é opinião e o que é fato são os formadores de opinião enquanto agentes do capital. Aqui os fatos são retirados de seus contextos objetivos, históricos e sociais, são despojados de sua facticidade, de seu ser feito, de seu ser produzido (*factum*, em latim = ser feito!) e são apresentados como "fatos nus" a uma "esfera pública" abstrata. Se alguém vier até nós e disser: "Queremos observar os fatos nus sem paixão", sabemos que estamos lidando com um desesperadamente abobado ou com um criminoso perigoso.

As opiniões sugeridas ao leitor, ouvinte e espectador aparecem como verdade universal cujo significado é predeterminado pelo título e pela notoriedade de quem dá a opinião, pela etiqueta "autoridade técnica e científica".

O "Zé-Ninguém"[(46)] é convocado a expressar sua opinião. A suposta liberdade de expressão da opinião (eleições, pesquisa de opinião) é coação, violência contra os despossuídos, pois o que se impõe como opinião é o interesse daqueles que dispõem do poder discricionário sobre os meios de produção. Enquanto as opiniões do "Zé-Ninguém" permanecerem meras opiniões, não representarão nenhum perigo para os Flicks e Abses,[(h)] para o sistema estabelecido. Da opinião inefetiva dos isolados tem que ser desenvolvida a consciência coletiva. O pensamento só permanece uma teoria enquanto está apenas em uma ou poucas cabeças isoladas umas das outras. Porém, quando está na cabeça de muitos, isto é, daqueles que se comunicam e cooperam entre si, o pensamento já é práxis.

15. Agitação pessoal e agitação em grupo

A agitação pessoal orienta-se pelas necessidades expressadas, pelos problemas, achaques e dificuldades de um determinado paciente, através

---

h Grande capitalista e banqueiro alemães. [N.T.]

do modo como tais necessidades se apresentam para ele mesmo, na sua linguagem e comportamento expressivo. Na agitação pessoal, o modo de expressão do paciente (por exemplo: inibição ou ação) – a forma – torna-se igualmente conteúdo dos esforços coletivos dos parceiros de agitação, do mesmo modo que os próprios conteúdos que ele expressa.

A agitação em grupo não está inicialmente voltada para um determinado paciente. Seus conteúdos são determinados coletivamente conforme o seguinte princípio: a agitação em grupo sempre deve orientar-se em função do seu membro mais fraco. Aqui, a forma – o processo do grupo como um todo – é, portanto, o elemento determinante preponderante. O membro mais fraco de um grupo de agitação não é necessariamente aquele que fala menos ou não fala nada. Ele também pode ser aquele que procura evitar, falando muitíssimo, a revelação de suas próprias dificuldades reais diante dos outros participantes no grupo, ou aquele que dessa forma quer esconder, de si mesmo e dos outros, a sua incapacidade de se comunicar.

A compreensão do processo em grupo volta a ser, então, objeto da agitação pessoal, ou seja, as angústias, inibições e resistências de cada um, surgidas no contexto da agitação em grupo, devem ser trabalhadas e compreendidas na agitação pessoal. A base do trabalho com as dificuldades de cada um não era o enquadramento interpretativo dos sistemas de referência convencionais da psiquiatria e da psicanálise (em que as relações sociais, assim como a família e as condições de trabalho etc., são consideradas como absolutas, como eternamente invariáveis), mas as transformações já realizadas e que estão por ser realizadas pelo coletivo.

Para o novo paciente, o primeiro passo era a agitação pessoal junto com um portador de funções médicas do coletivo. A função do exame de acolhimento era esclarecer as questões médicas gerais e psiquiátrico-neurológicas, assim como a informação recíproca entre paciente e portador de funções médicas sobre os motivos do paciente e o método de trabalho do coletivo de pacientes. O objetivo aspirado era que a maioria ou todos participassem tanto da agitação pessoal quanto da agitação em grupo; quando necessário, eram criados novos grupos (de no máximo 12 pacientes). Agitação em grupo sem agitação pessoal estava excluída por princípio.

O trabalho do SPK era realizado sete dias por semana. Os espaços de trabalho estavam ocupados 24 horas, dia e noite de modo contínuo. Mesmo fora dos horários de acolhimento, das agitações pessoais, em grupo e dos grupos de trabalho científico, alguns pacientes sempre estavam presentes, estando à disposição para casos eventuais de crise e emergência. Um portador de funções médicas podia ser contatado por telefone e estava à disposição a qualquer hora do dia. Para os pacientes recém-chegados, não havia tempo de espera improdutivo: eles podiam ser acolhidos no mesmo dia em que tinham vindo para o SPK. Todos eram acolhidos por princípio. Correspondente à situação da psiquiatria, a maioria dos pacientes recém-chegados era do tipo:

1. que, devido à sua situação econômica, não podiam arcar com um tratamento com um médico residente especialista ou que já haviam recebido um tratamento desse tipo no passado – eventualmente na forma de internação num manicômio;
2. que foram recusados pelas instituições estatais (policlínica, entre outras), ou que foram colocados numa lista de espera de seis meses ou mais, ou que foram enviados diretamente para nós; e
3. para os que estava fora de questão uma terapia tradicional em virtude de sua posição política.

As agitações em grupo aconteciam uma vez por semana, num determinado dia com horário fixo, no mesmo quarto e sempre por duas horas.

Em todo grupo de agitação havia alguns pacientes que já tinham participado do processo de agitação por no mínimo três meses. Eles eram focos voltados para dentro no sentido do expansionismo multifocal, focos que levaram ao nível do conceito as formas de expressão dos participantes no grupo, que inicialmente só se moviam no nível dos fenômenos, e o que fez com que eles, por sua vez, aprendessem a compreender o grupo como foco de suas próprias expressões. Esse foi um processo progressivo recíproco. Com esse método, papéis próprios à tradicional dinâmica de grupo (tais como hierarquias) não puderam se constituir.

As **agitações pessoais** foram organizadas entre os parceiros de agitação, conforme a necessidade e o tempo disponível, uma ou várias vezes por semana. Sua duração se adequava às necessidades e sintomas do paciente correspondente e ao tempo disponível dos dois parceiros de agitação, levando em conta os outros pacientes que também queriam fazer a agitação pessoal com o mesmo parceiro de agitação.

Nos **grupos de trabalho** científico, todos os pacientes podiam adquirir passo a passo as bases teóricas para estar, por sua vez, à disposição dos novos pacientes como parceiros de agitação pessoal. O tempo para adquirir a experiência necessária para exercer uma função "ativa" na agitação pessoal, em grupo e nos grupos de trabalho científico variava de acordo com o envolvimento e a participação do respectivo paciente, mas durava, via de regra, no mínimo 3 meses. Desse modo, novos pacientes podiam ser constantemente acolhidos de acordo com a afluência de pacientes.

Pouco antes de nossos adversários médicos e a polícia conseguirem parar o nosso trabalho, o SPK contava com cerca de 500 pacientes, já possuindo a capacidade de acolhimento para no mínimo outros 500. O que era urgentemente necessário eram espaços e dinheiro. Para cada sessão em grupo, cada paciente, conforme a sua condição financeira, pagava 5 marcos à caixa coletiva.[(47)] Essa verba foi coletivamente administrada e utilizada exclusivamente para a aquisição de medicamentos urgentemente necessários e para o trabalho necessário de informação para fora contra os ataques e vexações constantes da Faculdade de Medicina e da burocracia do Ministério da Cultura e da universidade.

Os grupos de trabalho do SPK se reuniam regularmente, uma vez por semana nos horários fixados nos espaços do coletivo. Eles duravam no mínimo duas horas e a quantidade de participantes variava entre dez e trinta pessoas. Eles eram públicos, isto é, mesmo pessoas que não pertenciam ao SPK podiam participar. Nos últimos meses do SPK, existiam catorze grupos de trabalho científico semanal.[(48)]

16. O expansionismo multifocal (EMF) substitui desde o início todas as instituições estatais e privadas[(49)]

A agitação contínua no SPK foi completada pela agitação do SPK voltada *para fora*:

Desse modo foi realizado o princípio do expansionismo multifocal, em cuja realização cada paciente se torna o foco no duplo sentido de ponto focal [*Brennpunkt*] e de fogão [*Herd*]: enquanto **ponto focal** das contradições sociais que vêm à tona em casa, na família e no local de trabalho; e enquanto **fogão** no sentido de ser o ponto de partida da consciência e da atividade revolucionárias através da tomada de consciência e do aguçamento e esclarecimento agitatórios dessas contradições.

A agitação dizia respeito, por exemplo, ao apoio prático na solução de problemas familiares e de moradia; ou, por exemplo, à superação das dificuldades matrimoniais através de visitas ao domicílio e conversas com os parceiros envolvidos; a cuidar de crianças pequenas durante a atividade profissional ou durante a participação dos pais no SPK; a conversas de esclarecimento com pais e parceiros conjugais de pacientes que não estavam eles próprios no SPK. Nesse caso, a extensão e o conteúdo das dificuldades que surgiam eram codeterminados frequentemente de modo decisivo pelas campanhas de difamação que acompanharam o trabalho do SPK desde seu surgimento, por parte da imprensa pública e rádios instigadas pela Faculdade de Medicina, pela universidade e pelo Ministério da Cultura contra os pacientes. Também fazia parte das funções de agitação no SPK a ajuda ocasional através de aulas particulares dadas a estudantes em situações agudas de urgência causadas pelo cerimonial institucionalizado de repressão nessas fábricas de súditos que são as escolas e universidades (exercícios, exames).

As autoridades preveniram, através da violação do contrato, a elaboração mais ampla dessas atividades agitatórias no SPK mediante o bloqueio dos meios. Desde o início a promessa de receitas livres feita pela reitoria também não foi cumprida, sendo ativamente sabotada com a colaboração da Faculdade de Medicina.

Mas, no processo de práxis intensiva de agitação no SPK, as necessidades de ajuda que foi fornecida puderam ser reduzidas rapidamente na maioria dos pacientes, em particular pelo fato de que o caráter de intervenção de crise de tais medidas podia ser experienciado de modo sensível-concreto pelos envolvidos.

Assim as funções correspondentes dentro do SPK se transformaram progressivamente em agitação do SPK voltada *para fora*; ou seja, nas situações familiares, em casa e no local de trabalho, os pacientes estavam em condições de lidar e de se entender com locadores, companheiros de moradia, familiares e colegas de trabalho, agindo, além disso, de forma agitatória e produtiva em seus respectivos entornos.

Uma vez mais: Desse modo foi realizado o princípio do expansionismo multifocal, em cuja realização cada paciente se torna o foco no duplo sentido de ponto focal [*Brennpunkt*] e de fogão [*Herd*]: enquanto **ponto focal** das contradições sociais que vêm à tona em casa, na família e no local de trabalho; e enquanto **fogão** no sentido de ser o ponto de partida da consciência e da atividade revolucionárias através da tomada de consciência e do aguçamento e esclarecimento agitatórios dessas contradições.

Com isso os colegas de trabalho e, por vezes, mesmo os familiares puderam se mobilizar e tornar-se ativos, os quais ou vinham para o SPK ou tentavam realizar em outro lugar sua necessidade, uma vez despertada e concretizada, de práxis política coletiva através do princípio da auto-organização.

17. Determinação alheia [*Fremdbestimmung*] – grupos de trabalho científico

Ciência **para** o homem significa: fazer dos métodos científicos um instrumento de transformação das relações de produção hostis à vida. Aplicação crítica dos métodos científicos (**crítica prática**) significa: colocar à prova e transformar as bases e a função da ciência burguesa através do método dialético. A práxis do SPK não deve ser equivocadamente considerada – como acontece com frequência – como alternativa à ciência dominante (a ciência dos dominadores) ou mesmo à psiquiatria burguesa; ela implica, ao contrário, reflexão crítica, abolição tendencial [*tendenzielle Aufhebung*] e superação [Überwindung] dessa ciência. Aqui partimos do fato de que todos os conteúdos da consciência, tudo o que é consciente, é determinado pela educação e pelo hábito no sentido da instrumentalização total da energia vital humana para o capital (a expressão disso é o atraso no desenvolvimento das relações de produção em relação ao das forças produtivas). Essa **determinação alheia** só pode tornar-se conhecida e consciente através do processo de sua transformação e superação em seu aspecto progressista: na consciência dos isolados de que não têm nada a perder além de suas correntes; na negação da determinação alheia total dos isolados através da **autorrealização** coletiva dos doentes enquanto classe revolucionária.

Àqueles – e trata-se da esmagadora maioria da população – que não precisam de formação universitária para a preparação da sua função dentro do processo econômico (sua explorabilidade mais ou menos qualificada, sua "profissão"), a ciência se impõe – de modo totalmente adaptado à realidade – como um poder social alheio, incompreensível, talvez hostil, no mínimo incontrolável. Trata-se aqui de elaborar junto com eles, tomando como ponto de partida suas necessidades imediatas, as contradições entre a função efetiva e o **valor de uso** da ciência para o homem.

O estudo coletivo da dialética hegeliana e dos fundamentos da economia política se revelou como um método útil. O conteúdo das leituras coletivas e das discussões nos grupos de trabalho do SPK giravam em torno da *Fenomenologia do espírito* e da *Ciência da lógica*, de Hegel, do *Capital*, de Marx, da *Introdução à economia nacional*, de Luxemburgo, da *Irrupção da moral sexual* e da *Psicologia das massas do fascismo*, de Reich, de *História e consciência de classe*, de Lukács, do *Ensaio sobre o valor de uso*, de Kurnitzky. Textos de Mao, Marcuse, Lênin, Espinosa e outros eram lidos por muitos pacientes e incorporados ao trabalho coletivo. As discussões sobre o conteúdo dos textos sempre aconteciam em função da práxis coletiva do SPK e das experiências dos pacientes em seus locais de trabalho. O valor de uso desses textos era o ponto central; tratava-se de aplicá-los na práxis – contrariamente ao estilo dos seminários tradicionais, em que o valor de troca da literatura é crucial para as "comparações" baseadas no princípio de concorrência: um método de trabalho que favorece de modo decisivo a estrutura hierárquica de um seminário com diretor, assim como o "diretor de instrução socialista".

Nos grupos de trabalho do SPK, os textos à primeira vista difíceis produziram uma polarização entre aqueles que acreditavam ou fingiam entender logo de cara seu conteúdo e aqueles que ficavam inicialmente paralisados por um mar de palavras aparentemente incompreensíveis.

Nesse cenário, o protesto podia ser liberado a partir da consciência coletiva do papel primário das necessidades no trabalho do SPK, protesto tanto dos acadêmicos, no final das contas frustrados, quanto dos inicialmente inibidos e abatidos pela inflação de palavras e pensamentos. Eis como se manifestou inicialmente a todos os participantes dos grupos de trabalho o papel coletivo de ser objeto diante da ciência em geral, e no protesto contra esse papel de objeto já estava presente sua superação através da apropriação coletiva da ciência enquanto meio de produção. Essa apropriação coletiva e o processo que conduziu até ela já são em si um passo, uma transição concreta da atitude passiva de consumista para o desenvolvimento ativo da unidade dialética entre consumidores e objetos de consumo, uma abolição ativa e ativadora da relação sujeito-objeto entre ciência-homem através da apropriação e da funcionalização da ciência pelos pacientes e orientadas por suas necessidades.

18. Agitação e ação

Espinosa diz: "Digo que agimos quando acontece, dentro de nós ou fora de nós, algo do qual somos a causa suficiente, isto é, quando da nossa natureza se segue, dentro de nós ou fora de nós, algo que pode ser compreendido só através dela de modo claro e distinto. E digo, ao contrário, que sofremos quando acontece algo em nós ou quando da nossa natureza se segue algo do qual somos apenas a causa parcial".[(50)]

A consequência concludente e necessária do que foi dito até aqui é: como a ação tem que ser desenvolvida a partir do sofrimento. As necessidades de cada um são acolhidas tal como são produzidas; elas não podem ser medidas segundo um critério exterior, mas as contradições imanentes às necessidades são desenvolvidas no trabalho coletivo. Desse modo, tais contradições são impulsionadas para além de si mesmas, e com isso produzida e elaborada em cada um a necessidade subjetiva da revolução das relações existentes. Aqui ainda é preciso concluir e desenvolver, portanto, que as relações entre os isolados são relações objeto-objeto; que o corpo e o pensamento são pré-programados pelo capitalismo; que a miséria individual é idêntica às contradições sociais;

que a transformação do objeto em sujeito do processo histórico só pode ser realizada coletivamente. A inibição do protesto que se manifesta nos sintomas é dissolvida, assim, na dialética do indivíduo e da sociedade; a partir dos afetos inibidos dos doentes (isto é, os que sofrem conscientemente) são liberadas as energias para transformar os sofredores em ativistas [*Handelnden*], produzindo assim exatamente o explosivo que irá destruir o sistema dominante do assassinato permanente. A própria agitação é ela mesma, portanto, ação, o colocar em marcha do processo unitário de revolução da consciência e da realidade. Agitação e ação são, assim, idênticas e diferentes conforme a dialética do ser e da consciência. Uma agitação que se torna de tal modo efetiva provoca necessariamente a reação do inimigo de classe, sendo impulsionada com isso para além de si mesma.

O inimigo de classe se define justamente pelo fato de acionar pública e legalmente o aparelho policial, a burocracia e o exército contra aqueles que desenvolvem sua ação de modo consequente a partir de seu sofrimento individual (socialmente produzido).

V Dialética

19. Objeto – sujeito

Doença:
A necessidade de vida se manifesta de modo mais imediato na experiência sensível da limitação e ameaça da vida, na **doença enquanto modo de existência capitalista** [*Krankheit als kapitalistischem Dasein*] e na necessidade de transformação, na necessidade de **produção** indissociavelmente ligada ao sofrimento que acompanha a doença. A doença, entendida como momento contraditório da vida, porta em si o germe e a energia da sua própria negação, a vontade de viver. Ela é ao mesmo tempo inibição, negação da vida. Porém, enquanto negação da vida, ela não é apenas negação abstrata do processo vital entendido como feito biológico isolado (enquanto fenômeno), mas ao mesmo tempo e essencialmente a doença é tanto o produto quanto a negação das condições de "vida", isto é, das relações sociais de produção dominantes. Enquanto negação assim determinada, a doença é ao mesmo tempo **a** força produtiva para transformar essas condições de vida às quais ela "deve" seu surgimento. Isso no que diz respeito à função **objetiva** da doença.

Subjetivamente, o sofrimento obriga o doente a transformar sua existência e sua vida em objeto da sua consciência. Aqui, torna-se patente a função objetivamente reacionária do sistema de saúde com todas as suas instituições, em particular a relação médico-paciente: o isolamento do paciente é intensificado, sua doença lhe é roubada, de acordo com "sua" expectativa, sua doença é administrada e explorada. O sucesso da "cura" se manifesta, isto é: é reificado na restauração da capacidade de trabalhar do doente, na restauração da sua capacidade funcional dentro do processo social de produção do capital hostil à vida e gerador da doença [*krankheitserzeugend*]: na "**reabilitação**" do doente.

Médico e paciente:

Através da doença e do status de paciente, cada um [*der Einzelne*] experimenta insistentemente, como um foco, seu papel de objeto total, em seu desamparo, em seu isolamento e sua condição sem direitos. Sua incapacidade de agir torna-se certeza sensível em sua necessidade de ser tratado. Na situação terapêutica, uma tarefa essencial do médico em seu papel de agente das relações sociais existentes é determinar de modo constante e sem brechas a relação médico-paciente, através da qualidade constitutiva do paciente de ser tratado. O modo como a relação médico-paciente está institucionalmente enraizada e organizada garante, portanto, a repressão permanente do protesto contido na doença enquanto seu momento progressista, assim como da sua materialização como forma de resistência. Isso garante a conservação do papel patogênico de objeto no estado agudo da doença. Isso significa, portanto, que a relação médico-paciente característica de todo o sistema de saúde é um instrumento de repressão de primeira ordem para o capital e o Estado. No estágio agudo da doença e da necessidade de tratamento, o Estado utiliza artilharia pesada contra os pacientes sob a forma de ausência de direitos ligada à relação médico-paciente. O paciente não tem nenhum direito de controlar ou mesmo de determinar se e como o seu tratamento vai acontecer, tratamento cuja base material foi produzida por ele próprio através da mais-valia, impostos e encargos sociais. Se for preciso, ele é colocado sob tutela, internado e assassinado via eutanásia. O momento progressista, o protesto inerente à doença, só pode tornar-se consciente, articular-se e tornar-se manifesto sob a forma de resistência através da superação [*Aufhebung*] coletiva do papel de objeto. No tratamento em que o médico coisifica e atomiza o paciente, apenas a inibição do paciente enquanto momento reacionário da doença é fortalecida de acordo com o pedido. Por outro lado, a intensificação do isolamento favorece a tomada de consciência do paciente e a liberação da energia vital intensificada no estado agudo da doença, enquanto protesto e resistência diante das condições da doença nas relações sociais (febre e aumento da frequência cardíaca, assim como a assim chamada violência dos assim chamados doentes mentais, são indícios sensíveis desse reforço).

Isolado [Einzelner] – coletivo:

Ao fazer das relações objetivas, que me determinam (determinação alheia), conceitualmente, um objeto, isto é, ao pesquisá-las e conhecê-las, eu me realizo de modo embrionário como sujeito; ao transformá-las radicalmente, sou sujeito. A primeira operação é quase impossível de ser realizada a sós, a segunda não é de modo algum realizável como pessoa isolada.

Portanto, a pessoa a sós enquanto pessoa isolada está condenada ao papel de objeto (isolamento). Apenas a cooperação solidária com os outros torna possível o movimento objeto-sujeito. Isso significa, portanto, que os diversos objetos isolados das relações sociais só podem tornar-se sujeitos na práxis coletiva baseada na cooperação solidária.

Foi assim que, através da cooperação coletiva, essas pessoas antes isoladas transformaram **para si** as relações sociais das quais fazem parte: e isso simplesmente pelo fato de fazerem parte das relações sociais **enquanto coletivo** – e não mais como meras pessoas isoladas. As pessoas isoladas são, como objetos, vítimas indefesas das relações sociais; juntas no coletivo tornam-se para si conforme a possibilidade visível – e até certo ponto real, ou seja, efetiva – de ser seu sujeito. Nessa transformação das relações sociais para si já está presente o germe da transformação **em si**.

Consequência:

A consequência de tudo isso: uma intensificação e um refinamento do tratamento dos doentes – por exemplo, através da intervenção reforçada e comunitária das funções médicas (como psiquiatria comunitária, instituto de saúde mental, hospital sem distinções de classe etc.) sobre as bases da relação médico-paciente e suas variantes determinadas pela formação, tradição e controle estatal – é objetivamente um perigo que prejudica os pacientes, e todo reformismo enquanto refinamento de tais relações está, objetivamente, apenas a serviço da estabilização das relações dominantes homicidas. Desde o início as relações pessoais precisam ser apreendidas como relações objeto-objeto. No caso da relação médico-paciente, por exemplo, ambos os parceiros da relação são, cada um ao seu modo específico, objeto do mesmo sujeito, o capital. O paciente enquanto objeto do aparente sujeito médico coloca, de acordo com o programa previsto, seu sofrimento e sua necessidade de transformação nas mãos do médico, que se torna, assim, o administrador da doença conforme sua função objetiva de administrador do capital. Em "caso de sucesso", o médico produz para o paciente a transformação aparentemente desejada pelo paciente sob a forma de "saúde" ao "libertá-lo" do seu sintoma específico: para o capital, ele produz a força de trabalho que volta a ser explorável conforme a demanda do capital.

O objetivo de todas as relações entre os isolados [*Einzelnen*] é a superação e abolição [*Aufhebung*] do seu ser-objeto através da práxis coletiva (movimento de liberação baseado na solidariedade) diante da força determinante até agora do processo histórico, o capital. Nós não produzimos, portanto, o fetiche da "saúde individual", o reconhecimento recíproco enquanto troca comercial sob a forma da simpatia, mas a solidariedade e a necessidade coletiva de transformação. A consciência transformada é ao mesmo tempo pressuposto e resultado da luta política prática; pois apenas na luta pelo socialismo a autorrealização é possível.

20. Superação [*Aufhebung*] do papel de objeto no coletivo

O conhecimento só é possível e só faz sentido **para** o homem quando o sujeito que conhece transforma aquilo que é conhecido. Todo conhecimento transformador parte da certeza sensível do papel de objeto desempenhado pela consciência com respeito ao ser, do papel de objeto do isolado com respeito à base material de seu ser social. A inibição do pensamento, da vitalidade e da vida no estágio da certeza sensível se manifesta nos sintomas da doença: distúrbios no trabalho, depressões, dificuldades sexuais, angústia etc.

Na elaboração coletiva da verdadeira (efetiva) relação sujeito-objeto, o papel de objeto do isolado torna-se ele mesmo objeto do processo de conhecimento e transformação. O papel de objeto da consciência com respeito ao ser é apreendido e superado na atividade da consciência desenvolvida, ou seja, da consciência que se desenvolve a si mesma, uma atividade de transformação com respeito ao ser. Com isso, um novo estágio qualitativo é atingido: superação [*Aufhebung*], isto é, ao mesmo tempo negação e afirmação [*Erhaltung*] sobre uma base mais ampla para cada um no coletivo. O coletivo é objetiva e subjetivamente uma nova qualidade: objetivamente, ao confrontar as relações capitalistas de produção a um contrapoder e ao forçá-las a reações específicas; subjetivamente, na medida em que as consciências isoladas, falsas, mutiladas e estagnadas são superadas no processo progressivo da nova qualidade da consciência coletiva, a comunidade das consciências na práxis coletiva. Na confrontação com o contrapoder do capital, o coletivo sempre é ao mesmo tempo objeto e sujeito dos processos de transformação mútua. A consciência do papel de objeto desempenhado pelo isolado dentro do processo capitalista de produção e exploração é, ao mesmo tempo, o motor da sua própria abolição. O grau de consciência coletiva tem que ser constantemente reconquistado e defendido contra os efeitos destrutivos do capital nos processos cotidianos de produção e reprodução dos isolados, assim como no trabalho cotidiano de agitação dentro do coletivo em constante expansão. O doente que vem para o coletivo não permanece o mesmo doente isolado que era quando chegou; o objetivo de sua colaboração também não é deixar o coletivo – de modo análogo a uma policlínica, a um consultório médico ou a qualquer outro tipo de organização de assistência – como "curado", para ser entregue como o mesmo isolado indefeso e desarmado ao contínuo princípio de realidade aparentemente imutável da sociedade capitalista que adoece e é hostil à vida. Ao invés disso, no coletivo todo doente começa o processo de objetivação da sua doença; um processo que demonstra o desenvolvimento do coletivo como um todo e que deve ser realizado por cada um:

O papel de objeto do isolado diante das relações de produção (produção de mais-valia – destruição da vida) é subjetivamente sentido como papel de sujeito. Essa contradição se manifesta na qualidade **doença, sofrimento**.

Para a consciência produzida socialmente, a doença se representa como um destino individual do qual o próprio isolado é culpado. A doença é socialmente apropriada e explorada pelo tratamento individualizante através da relação médico-paciente e sob o controle de um sistema de saúde que conserva e perpetua a doença e é hostil aos pacientes (encargos sociais – doença "planejada"). Essa contradição se manifesta na qualidade **paciente**.

A contradição entre a doença enquanto protesto (= manifestação da vida) e a inibição de tal protesto se manifesta no doente. Essa contradição se desdobra na nova qualidade **da tomada de consciência do papel de objeto** de cada um dentro do processo capitalista de produção e destruição.

A experiência da relação dialética entre ser e consciência – a saber: a doença como inibição da vida e como protesto não articulado contra as relações hostis à vida e violências sociais. Essa experiência se manifesta na **necessidade coletiva de transformação** como abolição [*Aufhebung*] do desejo ilusório de "saúde". Nova qualidade: auto-organização socialista, coletivo.

Em consequência da expansão do coletivo, surgem confrontações cada vez mais ríspidas com as instituições sociais dominantes (sistema de saúde, universidade, ministério, justiça, polícia); luta do coletivo contra as instituições, fazer público nosso trabalho. Nessas confrontações, o coletivo se torna sujeito dos processos de transformação social. Ao mesmo tempo se desenvolve para dentro e para fora (através do surgimento de outras auto-organizações socialistas determinadas pela doença) o princípio do **expansionismo multifocal** como nova qualidade.

Na luta do coletivo contra as forças do sistema social hostis à vida, o expansionismo multifocal se desdobra na nova qualidade da **identidade política**, ou seja, da unidade entre necessidades e luta política.

Esse processo se realiza em cada um, no coletivo e entre coletivos, nos pontos focais (focos) do movimento.

21. Expansionismo multifocal – "foco"

A partir do modo de organização e trabalho do coletivo – agitação pessoal e em grupo, grupos de trabalho científico, fazer público nosso trabalho, expansão constante do coletivo – se desenvolve o princípio do **expansionismo multifocal** como uma nova qualidade. Esse princípio já está presente de modo embrionário na essência da auto-organização dos pacientes: todo doente como isolado é foco (ponto focal, núcleo de cristalização) das contradições sociais num estágio mais ou menos desenvolvido. No processo de agitação pessoal e em grupo, trabalham-se e desdobram-se tais contradições em cada um, que supera de modo progressivo e contínuo o isolamento: primeiro com respeito a seu parceiro de agitação pessoal, depois com respeito ao grupo de agitação para experienciar e formar enfim da sua parte, como parte integrante do coletivo, a realidade e efetividade coletivas. Nesse processo que se repete constantemente, cada um passa pelos estágios:

Subjetivamente sujeito – objetivamente objeto,

Subjetivamente objeto – objetivamente sujeito,

para finalmente experienciar e produzir, através da produção consciente da consciência coletiva, os momentos da unidade entre ser e consciência, a nova qualidade da identidade política.(51)

Foco [*Fokus*] significa ponto de convergência no sentido óptico do termo: uma lente convergente, por exemplo, unifica em um único ponto todos os raios de luz que a atravessam, o ponto focal, o ponto ardente [*Brennpunkt*], o foco [*Fokus*]. Mas foco também significa fogão, no sentido do ponto de partida de efeitos, por exemplo, de distúrbios ou simplesmente um fogão de cozinha, um fogão no sentido do ponto de partida de efeitos de calor para fusionar a consciência coletiva. A palavra "foco" possui, assim, um duplo significado: por um lado, ponto de convergência, ponto focal, ponto ardente, por outro, ponto de partida enquanto fogão; "foco" como denominação de uma unidade contraditória, dialética.

Ora, todo doente é foco de um modo específico. Objetivamente, cada um é o ponto focal das contradições sociais. No processo de desdobramento **consciente** das contradições entre inibição e protesto condensadas na doença, a qualidade "foco" enquanto ponto focal das relações (contradições) sociais se torna uma qualidade subjetiva, ou seja, o doente consciente do seu sofrimento e dos contextos sociais é objetiva e subjetivamente foco.

A doença enquanto consciência do sofrimento, enquanto inibição consciente, é condição prévia e superação tendencial da qualidade "foco" **enquanto ponto focal** e ponto ardente, na nova qualidade "foco" **enquanto fogão** no sentido de ponto de partida de efeitos. Somente através da tomada de consciência do papel de total objeto do doente, através da consciência da doença enquanto inibição, é possível liberar o momento progressista enquanto protesto consciente. O processo de superação da qualidade "ponto focal" (inibição) na qualidade "fogão" é a emancipação enquanto passagem do status social de objeto **tratado** ao status de sujeito *que* **atua**, isto é, emancipação baseada na cooperação e na solidariedade.

22. Dialética da sexualidade

Na sociedade organizada de forma capitalista, a sexualidade só pode ser determinada de modo formal e abstrato; ou seja, não pode ser entendida como algo que existe no presente, mas como algo a ser realizado.

A realização científica mais fundamental de Sigmund Freud reside no conhecimento de que as significações das nossas vivências e experiências se traduzem na materialidade do corpo (somatização, perturbações psicogênicas das funções orgânicas etc.); como manifestações desse corpo (soma) destruído se impõem os sintomas classificados como psicoses, neuroses e esquizofrenias. O pertencimento de Freud à classe burguesa o impediu de levar a cabo de modo consequente esse enfoque teórico fecundo.[(52)] Na psicanálise, os sintomas são trabalhados e tratados meramente no plano das representações, ao passo que a sexualidade enquanto manifestação necessária da vida, enquanto liberação da energia vital, permanece em grande medida não trabalhada e não realizada. Assim, o que aparece como cura é a ausência dos sintomas mais perturbadores sobre a base de uma atitude sexual meramente pequeno-burguesa.

Dado que a teoria de Freud está de cabeça para baixo, foi de Wilhelm Reich o intento de colocar a teoria freudiana de pé.[53] Ao estudar a perturbação das funções sexuais como a causa das perturbações "psíquicas", ele consegue até certo ponto desenvolver de modo histórico-dialético[54] a contradição entre a sexualidade enquanto função vital e sua quebra através da violência da natureza e da sociedade.

Em consequência desse enfoque reichiano e de sua elaboração histórico-materialista, a doença foi concebida no SPK como contradição dentro da vida, como vida quebrada em si mesma. A destruição tendencial de toda vida através da violência natural potencializada do Capital corresponde, no plano da pessoa singular e isolada, à transformação da sexualidade em medo e à autodestruição imanente desse medo.

Em todas as suas manifestações históricas, a sexualidade só pode ser determinada de modo concreto em função das condições socioeconômicas e culturais. As exigências sociais derivadas do estado de dependência em que o homem se encontra em relação à reprodução de suas condições de vida, que outrora ele tinha que arrancar continuamente das forças da natureza que o ameaçavam, e cuja realização hoje em dia ele paga com sua submissão forçada à ordem social dominante capitalista, tais exigências não apenas se opõem à sexualidade, mas é preciso partir do fato de que não é de modo algum possível separar a sexualidade da totalidade de funções ligadas às condições econômicas e culturais que sempre devem ser continuamente reproduzidas. Quem fala de sexualidade, quem se refere à sexualidade, só consegue se fazer entender se souber ao menos que se move inelutavelmente dentro do sistema de categorias da economia e da administração. Aquilo ao que ele ainda poderia se referir como sexualidade – por exemplo, aos conteúdos afetivos das próprias experiências sexuais –ele só pode realmente comunicá-lo, por se tratar de sentimentos tornados conscientes, sob a forma da universalidade abstrata que não lhe permite, porém, apreender sentimentos específicos, nem mesmo ser capaz, por exemplo, de saber dos outros se experiências por ele consideradas como sexuais não são na realidade meros resíduos sentimentais de relações funcionais que nada têm a ver ou, em todo caso, têm muito pouco a ver com a sexualidade. De qualquer modo, os casos extremos de ninfomania e satiríase (pulsão sexual excessiva na mulher e no homem) demonstram que aquilo que se impõe aparentemente como atividade excessiva nada mais é, na realidade, do que uma defesa sexual da mais alta potência, lá onde precisamente a prática da "sexualidade" parece ser o único meio de desativar o prazer-angústia (Reich) que é a base dessa sexualidade. Se fosse possível dissociar e isolar o comportamento sexual de seus componentes econômicos e culturais, não sobraria sexualidade, mas apenas a angústia que determina tal comportamento sexual.

Na tentativa de reconstruir as formas primitivas [*Urformen*] da sexualidade, deve-se remontar a comunidades que se desviam tanto do nosso meio cultural que é fácil e, além disso, literariamente proveitoso estilizá-las num alto grau como um paraíso perdido da liberdade sexual. A promiscuidade generalizada na dita horda primitiva, não impedida por nenhum limite, sem a proibição do incesto e ignorando evidentemente a diferença de idade dos parceiros, em função da estabilização das condições de vida ótimas para essa comunidade, essa promiscuidade generalizada não é de modo algum sexualidade liberada, mas é acima de tudo o resultado do estímulo, imposto pela ameaça externa, à maior coesão possível e à demarcação diante de outras hordas primitivas e suas intrusões contra as condições materiais de vida que devem ser garantidas.

Reich mostrou (em *A irrupção da moral sexual*) como a sexualidade sofre uma transformação abrupta na passagem da formação social comunista-primitiva à formação social patriarcal. A regulamentação da sexualidade, a repressão do princípio genital em prol de satisfações de prazer oral e anal correspondem à aspiração de conservar e consolidar as relações baseadas na propriedade.

Isso se manifesta, entre outros, numa mudança de hábitos de vida, por exemplo, na obrigação de fazer as refeições junto com os outros. Através da imposição de convivência e coalizões dessa natureza, a autonomia e a espontaneidade de cada um são cada vez mais relegadas a segundo plano. Tendências centralizadoras surgem como relações baseadas na distribuição de papéis fixos, como submissão de cada um aos automatismos de ordem e comando estabelecidos, tendências centralizadoras que acabam entrando em choque umas com as outras sob a forma de uma demarcação entre essas associações de família altamente dessexualizadas, demarcação que se expressa muitas vezes através de uma hostilidade crescente até chegar ao ponto de explodir em hostilidade explícita. O comportamento de cada um é determinado, assim, por tendências sadomasoquistas, angústia neurótica, processos específicos de identificação com figuras de liderança e autoridade e tendências de perseveração (tendências à inflexibilidade). Reich entende isso como sexualização de moções pulsionais não genitais que produzem, por sua vez, um efeito inverso: já na fase do desenvolvimento da primeira infância é impedida a obtenção da excitação genital, a favor de modos de comportamento orientados por tendências orais de consumo e perseveração anal.

Nessas circunstâncias, o comportamento sexual não pode mais ser considerado de modo algum como um componente autônomo do comportamento humano. Ao invés disso, representa apenas uma espécie de argamassa ou cimento das relações econômicas de troca entre homem e natureza, entre homem e homem. O comportamento sexual é totalmente determinado pelas necessidades e exigências econômicas. Lá onde os parceiros acreditam ter escolhido a discrição e em virtude da atração dependendo dos caracteres sexuais primários e secundários, uma observação objetiva tem que partir do fato de que tal escolha é previamente determinada pela educação e pelo meio social, pela formação de hábitos relativos que têm sua origem em interesses econômicos. As qualidades sexuais específicas, o que inclui desde a constituição biológica até a estrutura da percepção de cada um, estão condicionadas pela sexualização das pulsões parciais, cuja ativação é o resultado da concorrência entre aspirações econômicas e aspirações genitais reprimidas.

A partir do que foi dito até aqui, é evidente entender que as relações de produção como um todo se manifestam e se traduzem na organização somática e no produto artificial psique. Logo, toda tentativa de superação da miséria sexual está condenada ao fracasso se ela abstrai-se da totalidade das relações dominantes de produção por um lado, e de sua abolição necessária por outro. No SPK, partimos do princípio de que tudo o que se manifesta imediatamente como necessidade sexual deve ser considerado como necessidade produzida pelo capital, e trabalhado como tal. Assim, as atitudes que defendem, por exemplo, que, antes de poder se dedicar ao trabalho político, é necessário primeiro superar as dificuldades sexuais ou, ao contrário, que a emancipação sexual só é possível após a abolição da propriedade privada dos meios de produção, tinham que ser substituídas, enquanto negação meramente **abstrata**, pela produção de possibilidades concretas, enquanto negação **determinada**, possibilidades concretas que levem em consideração as condições imediatas de vida de cada um.

A fragmentação total da energia sexual através das relações capitalistas de produção em pulsões parciais (voyeurismo, fetichismo de objeto, perversão etc.) é a negação simples da sexualidade. As pulsões parciais são a realização material da dominação do valor de troca em cada um. Através da subordinação total de toda vida ao valor de troca, todas as relações "entre homens" estão determinadas como relações entre objetos (= intercâmbio de neuroticismos). A transformação das relações objeto-objeto em relações sujeito-sujeito é objeto da práxis política e comporta a negação do valor de troca em geral. – LUTA DE CLASSES![55]

O processo de emancipação sexual pode ser apresentado – um pouco esquematicamente – do seguinte modo:

1. Partir da negação da sexualidade enquanto função vital e da dominação das pulsões parciais (fetichismo da mercadoria). Os objetos sexualizados pelas pulsões parciais infundem ao mesmo tempo angústia. Daí a necessidade de liberar as pulsões parciais das representações angustiantes contidas nelas. Nesse primeiro estágio, toda forma de atividade sexual tem que ser apoiada por princípio (por exemplo: não é a masturbação que é prejudicial, mas apenas as representações autodestrutivas, masoquistas e sádicas que a acompanham).
2. Negação das pulsões parciais através de sua subordinação à função genital. A transição de 1) para 2) pressupõe que os parceiros sexuais estejam dispostos à cooperação. Após a dissolução das angústias e inibições, podem surgir de modo passageiro atitudes promíscuas que desaparecem novamente assim que a necessidade da cooperação sexual é reconhecida.
3. Integração da sexualidade ainda dissociada no ser-sujeito [*Subjektsein*] a ser determinado como identidade política. É preciso ver muito

claramente que, mesmo quando a sexualidade pode ser organizada genitalmente, desativando amplamente as pulsões parciais inibidoras da produtividade política, a prática sexual permanece algo dissociado e particular enquanto os contextos de vida alienada aos quais cada um está submetido (local de trabalho, família, escola, universidade na sua forma de organização capitalista) continuarem existindo. Mas a experiência da possibilidade da felicidade sexual mobiliza precisamente aquelas energias que devem ser ativadas para criar as condições de sua realização concreta.

A questão sobre se há uma solução para a miséria sexual não é uma questão teórica, mas prática.[(56)]

VI Doença e capital

23. Identidade entre doença e capital

"Ela (a manufatura) **mutila** o trabalhador até o nível da **anomalia** ao promover artificialmente sua habilidade especializada através da **supressão** de um mundo de pulsões e talentos, do mesmo modo que nos Estados de La Plata se abate um animal inteiro para arrancar sua pele ou seu sebo" – "O homem é realizado como mero fragmento de seu próprio corpo" – "Uma certa mutilação física e mental é ela própria indissociável da divisão do trabalho em geral na sociedade. Mas, como o período da manufatura leva essa divisão dos setores de trabalho a um **nível muito mais alto** e, por outro lado, com sua divisão peculiar ataca o indivíduo **em suas raízes vitais**, o período da manufatura também é o primeiro a fornecer o material e o impulso para a **patologia industrial**".[57]

A doença é *a* condição essencial, o pressuposto e resultado do processo de produção capitalista. O processo de **produção** capitalista é igualmente um processo de **destruição** da vida. A vida é constantemente destruída e o capital constantemente produzido. O capitalismo é regido pela necessidade primária do capital, a acumulação (Marx). A doença é expressão da violência do capital que extermina a vida. A doença é produzida coletivamente: ou seja, na medida em que no processo de trabalho o trabalhador gera o capital que se opõe a ele como um poder alheio, o trabalhador produz **coletivamente** seu **isolamento**. De modo consequente, o sistema de saúde capitalista perpetua esse isolamento ao tratar os sintomas não como algo produzido coletivamente, pelo contrário, como um destino individual, como culpa e fracasso. No entanto, na forma da doença, o capitalismo produz a arma mais perigosa contra si mesmo. É por isso que ele tem que lutar contra o momento progressista da doença com suas armas mais afiadas: o sistema de saúde, a justiça e a polícia. **Objetivamente**, a doença enquanto força de trabalho defeituosa (= não explorável por ser não utilizável) é o coveiro do capitalismo. Doença = barreira interna do capitalismo: se todos estão gravemente doentes (= incapazes de trabalhar), ninguém mais pode produzir mais-valia.

Enquanto processo coletivo de conscientização, a doença é **a** força produtiva revolucionária graduada segundo o nível de seu efeito: protesto inibido, protesto consciente, consciência coletiva, luta solidária.

Por um lado, a função do sistema de saúde é a manutenção e elevação do nível de explorabilidade da mercadoria força de trabalho;[(58)] por outro lado, tem que assegurar, para as indústrias farmacêutica e médico-técnica, a realização de suas mais-valias (o sistema de saúde é a esfera de circulação da indústria farmacológica e médico-técnica). Nesse sentido, o doente é objeto de uma dupla exploração: a força de trabalho defeituosa é restaurada com o objetivo de sua exploração contínua; enquanto consumidor, garante a venda contínua para a indústria médico-técnica e farmacêutica.

O momento progressivo e progressista da doença, o **protesto**, é destruído; seu momento reacionário, a **inibição**, é reproduzido de modo intensificado no processo de cura e tratamento (= restauração da força de trabalho). O doente é privado da sua necessidade de transformação.

A vida é transformação, isto é, luta contra as violências naturais para apropriação produtiva da natureza. A sociedade capitalista enquanto violência natural se opõe à vida. O protesto, isto é, a manifestação da vida, é constantemente destruído; trata-se de assassinato permanente e organizado. Enquanto esse assassinato permanente e organizado é cometido diretamente por instituições como a família, a escola etc., ele se chama educação. A educação não está orientada pela satisfação das necessidades humanas manifestas, mas por sua destruição e pela satisfação das necessidades da violência natural que é a acumulação capitalista; portanto, acumulação capitalista e **assassinato em massa** são idênticos!

24. O proletariado sob a determinação da doença como proletariado revolucionário

Nem todos os doentes (e, de fato, todos estão doentes) fazem parte da classe revolucionária. Porém, todos que reivindicam o momento progressista da doença agem de modo revolucionário.

O modo como evoluirão os fronts de classes se revelará na luta revolucionária; como se sabe, em todas as revoluções também existem e existiram associações reacionárias e fascistas em que participam operários.

O que é decisivo para pertencer ao sujeito revolucionário não é meramente uma determinação mecânica da situação de classe, mas a **consciência de classe** e **a posição de classe** que emergem na luta.

Nesse sistema econômico, o proletariado inibido, isto é, determinado pelo momento reacionário da doença, tem boas chances de nadar na esteira da ilegalidade liberal-democrata até se afogar. Só como proletariado doente – e estar doente é sua determinação essencial, caso contrário já teria há muito superado a contradição fundamental, mesmo sem o auxílio dos palavrórios de seus protetores burgueses entre os estudantes – ele se tornará uma **força revolucionária** que se encontra **fora** da ilegalidade liberal-democrata; ele não tem literalmente nenhum direito, não possui nada que lhe possibilite explorar a força de trabalho alheia, não possui nada – seja casa, seja carro, ou geladeira – que não esteja sob o poder discricionário do capital. De qualquer modo, músculos, nervos e corpo nunca pertenceram ao proletariado, pois, antes mesmo do nascimento, suas funções são pré-programadas pelo capitalismo, isto é, no sentido de sua maior exploração possível. Esse programa tornou-se, assim, violência material contra os explorados através das fábricas de súditos: família, lar, escola, quartel, trabalho, escritório, manicômio, prisão etc. A definição do proletariado dada por Marx no *Manifesto comunista* – que não tem nada a perder além de suas próprias correntes, mas sobretudo ser a negação do capital que o reduziu, por sua vez, ao nada – continua em vigor, a saber, como proletariado sob a determinação da doença.

Somente como proletariado sob a determinação da doença, pré-programado pelo capital como potencial de exploração, e assim exposto desde o início à doença, sistematicamente despedaçado e mutilado em todas as suas possibilidades de desenvolvimento para que o percentual de lucro se realize, sem que, com a melhor boa vontade do mundo, nada nem ninguém – colegas de trabalho, sindicato, tribunal social, sistema de saúde – possa ajudá-lo, simplesmente porque o doente é jogado totalmente para fora do campo do "direito" – só sob tal determinação a classe proletária é revolucionaria e pode fazer explodir o sistema. Ela está determinada a fazer explodir o sistema por nada mais nem por ninguém menos que o mesmo capital e a classe dominante. Não por capricho, mas porque capital e doença constituem uma identidade dialética.(59)

Um fator essencial dessa determinação objetiva do proletariado doente como proletariado revolucionário é, por exemplo, o fato de que cerca de 35% ou mais do salário líquido vai, sob a forma de encargos sociais, para o capital através das instituições controladas pelo Estado, ou seja, como meios de investimento e amortecedor de crises na economia. Se um trabalhador recebe 800 marcos de salário líquido, 280 marcos entram automaticamente e ao mesmo tempo como encargos "sociais" (doença, invalidez, velhice) na economia para a acumulação de capital. Além da mais-valia, a classe operária é obrigada, portanto, a produzir meios de investimento para a indústria sob o pretexto de pagar com seu salário os meios para a restauração da sua própria força de trabalho destruída pelo processo de exploração, salário que deveria servir à reprodução da força de trabalho.

O sistema de saúde enquanto instituição de restauração e controle da força de trabalho defeituosa (essa é a função objetiva do seu instrumental terapêutico e diagnóstico) suspende automaticamente os direitos fundamentais. Ele reduz o paciente a um papel de total objeto. Ao mesmo tempo, constitui com isso o direito fundamental de legítima autodefesa! Os seguintes direitos fundamentais são suspensos: livre circulação, inviolabilidade da pessoa, liberdade de expressão da opinião, sigilo postal (para a manutenção da assim chamada ordem institucional), direito de ser ouvido pela justiça etc. etc. Constantemente os seguintes crimes são cometidos: privação da liberdade (os funcionários do sistema de saúde têm autorização para confinar os pacientes num manicômio), lesões corporais, sequestro, extorsão, coerção, trabalho forçado para pacientes em manicômios e centros de reabilitação.

Com isso, a necessidade de autodefesa se impõe a todos os doentes.

A necessidade de transformação ligada à pressão que surge do sofrimento tem que ser direcionada, conforme a sua essência, contra o objeto que produz a doença, ou seja, contra a ordem social capitalista, a segunda natureza. A necessidade humana fundamental é a produção, isto é, a criação de possibilidades de apropriação ótima e prazerosa da natureza; trata-se da luta contra as violências da natureza. O que acontece aqui e agora é a produção de mais-valia, a acumulação de capital e a destruição da vida. O valor de uso das mercadorias assim como a própria vida se degradaram em produtos residuais das relações capitalistas de produção, sendo tratados exatamente segundo as leis do capital: "descartar" ou "jogar fora após o uso".

Enquanto condição prévia da tomada de posse dos meios de produção material, a força produtiva da consciência pode derrotar a violência natural do capital hostil à vida:

"- Não bebam álcool, não tomem comprimidos que lhes dão sono ou acalmam. Não tomem nenhum estimulante; tomem o poder, isso é melhor.
- Quando vocês não se sentem bem, quando ficam entediados diante da tela da TV, isso reside no fato de que a televisão os envenena.
- Cuidado: televisão = veneno.
- O álcool mata a 100 km por hora.
- A sociedade capitalista mata até mesmo a pé.
- Medicina do trabalho: medicina da exploração ou exploração através da medicina?
- Medicina do trabalho: proteção do trabalhador ou serviço de segurança da empresa?
- Segurança do trabalho: trabalhar pesado 11 meses para poder viver 4 semanas durante as férias remuneradas. Temos que viver 12 meses.
- Após uma jornada de trabalho extenuante e desprazerosa, vocês não

têm nenhuma vontade de transar. Aqui a medicina nada pode mudar com seus medicamentos e belos provérbios. A jornada de trabalho tem que ser transformada para que mereça ser vivida. **São vocês o médico.** Assumam o poder na fábrica e na sociedade, tornem-se donos de suas vidas.

- Vocês estão cansados porque o trabalho que vocês realizam lhes dá nojo, os destrói – recusem os estimulantes.

Trabalhadores!

Se vocês estão fartos quando o capataz, o chefe e as máquinas os apressam, existem duas soluções:

1. Vocês pedem o fim imediato do trabalho. A seguridade social se encarrega de lhes pagar, mas tenham certeza de que vocês pagam a conta no final.
2. Ou vocês 'tomam' o poder na fábrica, vocês fazem a revolução, isso é melhor."[60]

25. Sobre os socialistas "saudáveis" e o dogmatismo reacionário em alguns "esquerdistas"

Nos debates do SPK com esquerdistas em discussões públicas, tendências dogmáticas em torno da análise marxiana do capitalismo vinham frequentemente à tona – por exemplo, na incapacidade de compreender o professor como produtor de mais-valia. No processo de produção da mercadoria força de trabalho, o professor trabalha como produtor. Na medida em que a mercadoria força de trabalho (alunos, aprendizes e estudantes) é qualificada através da formação, isto é, potencializada conforme os requisitos do processo de produção altamente especializado do capitalismo tardio, um valor adicional é agregado à mercadoria força de trabalho exatamente através dessa especialização e qualificação, valor agregado que é, então, apropriado pelo capital e transformado em mais-valia. A acumulação capitalista é a principal beneficiária do aumento da produtividade, que é indissociável dessa especialização crescente. A aplicação unilateral e dogmática do conceito de trabalhador coletivo produtivo ao proletariado industrial clássico, considerando-o como o único produtor de riqueza social, produz efeitos reacionários.

As raízes dessa unilateralidade podem ser procuradas no fato de que grande parte das esquerdas estudantis não chegou ao marxismo por causa de suas necessidades, por causa da consciência da sua situação objetiva de classe, mas, pelo contrário, por causa da insatisfação (totalmente justificada) com a organização e os conteúdos dos cursos universitários, e, a partir daí, essas esquerdas estudantis chegaram ao conhecimento da situação **objetiva** de classe do proletariado, que foi imediatamente transformado e idealizado, até fetichizado, em **objeto** de agitação. Ao invés disso, a consciência mutilada e atrofiada tem que se tornar objeto de trabalho da agitação coletiva, e o estágio essencial de mediação dessa necessidade é a tomada de consciência da **própria** doença. Porque a tomada de consciência da própria doença é velada pelo trabalho "intelectual" dogmático, por isso é tão difícil para os estudantes de esquerda elaborar uma práxis política consequente. Só assim se pode compreender como um estudante de esquerda foi capaz de declarar num debate: "Não pertenço à classe explorada, recebo uma bolsa". A consciência de classe só pode emergir, portanto, da luta de classes realizada conscientemente. Obviamente sempre se podem encontrar infinitas evasivas mais ou menos sutis através das quais se pode subtrair do pertencimento à classe revolucionária. De qualquer forma, a qualidade doença é o elemento que conecta todos os afetados pelo aparelho de opressão.

A postura diante da doença é característica do comportamento e da argumentação de um grande número de pessoas (em particular estudantes) que se denominam "socialistas". Elas veem a doença de modo isolado, negativo, exclusivamente como inibição. Para elas, a doença faz parte da "esfera privada", um problema que cada um tem que resolver por si mesmo e que não pode em nenhum caso "perturbar" o trabalho político. Qualificar-se como socialista "saudável" **nessa sociedade** já implica tendencialmente uma consciência elitista **imanente** ao sistema.

As consequências dessa consciência elitista "saudável" são:

1. Divisão artificial da própria vida em esfera privada e trabalho político. Com isso, é reproduzida a separação entre profissão e vida privada

induzida pelas relações sociais, de modo que o trabalho político permanece trabalho alienado.

2. Separação entre vanguarda e massa. Observe-se a falsa aplicação dos conceitos de "vanguarda" e de "massa" tendo como pano de fundo aquilo que Wilhelm Reich desenvolveu em *Psicologia de massas do fascismo* e *Escute, Zé-Ninguém!* acerca das dificuldades de ativar as massas baseado no problema da greve de massa no sentido mais amplo do termo. Reich tomou como base de suas pesquisas a ideia de que, numa greve ou roubo, não se deve perguntar por que *esses* **trabalhadores** estão fazendo greve ou por que *esse* rapaz roubou, mas antes de tudo por que, contra a dominação das relações sociais existentes, nem **todos** os trabalhadores fazem **constantemente** greve, e por que nem **todos** os consumidores satisfazem suas necessidades materiais através do "roubo".

Só a **práxis** no sentido do expansionismo multifocal pode realizar uma verdadeira função de vanguarda. No âmbito do expansionismo multifocal, os focos atuam ao mesmo tempo como massa e vanguarda, na medida em que, enquanto focos (massa), reúnem em si as contradições sociais e, enquanto fogões (vanguarda), ativam e mobilizam seu entorno através da utilização e propagação dos momentos progressistas de tais contradições; no momento expansivo do princípio do expansionismo multifocal, a contradição entre vanguarda e massa é superada no processo de generalização da consciência e da ação revolucionárias.

Ao contrário disso, uma vanguarda autoproclamada – para formulá-lo rigorosamente – vai até os operários e convida-os a desenvolver uma consciência "revolucionária". Com o auxílio dos textos de Marx, explica a eles que são explorados economicamente. A maioria dos operários também compreende isso racionalmente porque não se trata, para eles, de nada realmente novo, porém o que falta são experiências de lutas solidárias bem-sucedidas, que não podem ser pregadas. Portanto, não haverá consequências práticas. As necessidades atuais dos trabalhadores são incorporadas apenas de modo pontual e isolado – por exemplo, na "luta" contra a "os males" da poluição do meio ambiente e da crise habitacional. A doença só é incluída como "acidente" de trabalho e doença "profissional", porém, não se torna consciente nem é mobilizada no contexto da exploração e da miséria de cada um, contexto do qual ela deriva e que a constitui.

A massa, o proletariado são concebidos como objeto e a agitação ocorre de modo mais ou menos doutrinário e professoral [*schulmeisterhaft*]. As necessidades da população explorada e oprimida são divididas entre aquelas necessidades utilizáveis para a agitação e aquelas com as quais cada um deve lidar por si mesmo: reprodução do modo capitalista de exploração e eliminação de lixo.

3. A postura dos "socialistas saudáveis" diante do dito sistema de saúde é característica: nesse "setor terciário", a questão do poder é a última a ser colocada. O sistema de saúde é considerado e tratado como "necessitando de uma reforma urgente". No entanto, devido à ausência de um conceito correto de doença, a agitação e a polêmica são dirigidas pontualmente contra a sinecura do médico-chefe, a pesquisa de guerra, o lucro da indústria farmacêutica, o *numerus clausus* no curso de medicina etc. Eles opõem a dita pesquisa de base à pesquisa militar e a declaram como necessária e "boa" como se fosse algo inquestionável.

Na opinião desses "socialistas saudáveis", a equipe dos hospitais e os estudantes de medicina devem ser os que realizam as transformações e reformas necessárias ao sistema de saúde. A título de pretexto e álibi dos interesses da classe médica e dos estudantes de medicina, abusam do tratamento e do "bem dos pacientes". **Abuso** porque os afetados, isto é, os pacientes, não têm voz em tudo isso – pois eles estão doentes, e os médicos, cuidadores, enfermeiras e estudantes de medicina são *per definitionem* "saudáveis". E os pacientes doentes primeiro devem ser "curados" por eles – pois assim serão trabalhadores "saudáveis", e a "saúde" assim produzida por eles deve ser, então, o motor da revolução!

A saúde não deve ser entendida como o contrário da doença. Saúde é, de fato, um conceito totalmente burguês. Do ponto de vista subjetivo, essa saúde corresponde a uma consciência deformada, ela é idêntica à doença no sentido da "mutilação mental (e física)" que Marx qualificou e reconheceu como "em si mesma indissociável da divisão do trabalho na sociedade em geral".[(61)]

O capital como um todo fixa a norma da mercadoria força de trabalho, definindo assim o que é "saudável" e "doente"; quem não corresponde a essa norma é incapaz de trabalhar (doente), portanto incapaz de assinar contrato e excluído do processo de produção. "Não há nada mais ridículo do que falar de medicina do trabalho. Nossa sociedade não conhece nenhuma outra. Toda medicina é regulação da capacidade de trabalho. A norma do trabalho impregna e determina o juízo do médico com um critério que é mais preciso do que um valor biológico ou fisiológico mensurável".[62]

4. Exatamente dessa mesma maneira, os socialistas "saudáveis" se referem à ciência: a ciência enquanto força produtiva deve "**estar a serviço** dos trabalhadores". Nada se diz sobre a socialização do meio de produção ciência em prol da e pela população! Na vida profissional, os graduados devem praticar a ciência levando em consideração sua "responsabilidade" sociopolítica; eles devem ser "neutralizados", segundo aqueles socialistas. Um absurdo! E ao mesmo tempo é expressão da consciência de seus defensores, que não conseguem e não querem imaginar, portanto, a socialização de **todos** os meios de produção, inclusive da ciência: "*Nous participons, vous participez – ils profitent!*"[63] ("Nós participamos, vocês participam – eles se aproveitam e ganham lucro!").

Portanto, o princípio da Universidade do Povo não é apenas uma abertura **quantitativa** da universidade à "participação" da população nos cursos do ensino e nas atividades de pesquisa, tampouco uma "cogestão" da população quanto aos conteúdos de pesquisa e ensino, mas uma determinação **qualitativa** e controle sobre o que é a ciência e como ela é praticada, de acordo com as necessidades da população.

Uma objeção levantada pelas esquerdas dogmáticas e que se ouve frequentemente é de que a doença seria um estado passageiro, o status de paciente seria, com isso, transitório; eis porque os doentes não poderiam ser um sujeito revolucionário. Essa objeção foi desmascarada por tudo o que foi dito anteriormente como sendo totalmente fora de propósito. Apesar disso, ela também pode ser diretamente refutada *ad absurdum*: a vida de cada um é um estado transitório da matéria inorgânica, por isso ninguém pode no momento empreender, junto com outras pessoas vivas, a luta de classes, ou seja, fazer a revolução. Obviamente esse contrassenso não é pronunciado, mas é colocado em prática: teses de longo prazo sobre Lukács são feitas, durante semestres são realizados seminários sobre a teoria marxiana do valor etc., talvez para **transmitir** à "posteridade" o armamento revolucionário com o qual não se sabia o que fazer?

26. O capital e seus administradores como violências naturais

No processo de produção do capital, a produção de inibição da vida é explorada e intensificada (= produção da doença no processo de produção do capital). Em seu combate à manifestação da doença na forma de protesto, o capital se serve de diferentes instâncias e instituições do seu aparelho de Estado: sistema de saúde, médicos, hospitais, manicômios, justiça, prisões, polícia, exército. No processo de produção de mais-valia, a vida do trabalhador é consumida pela violência natural potencializada pelo capital (transformação da vida em matéria morta – mercadorias). Juízes, médicos, policiais e militares são os órgãos cuja função é garantir o bom funcionamento desse processo de produção destruidor da vida. A luta contra o capitalismo – e na sociedade com a qual temos que lidar no momento histórico dado, somente essa luta é idêntica à vida – tem que ser direcionada contra as funções do capital – e, portanto, contra seus funcionários cuja doença é usada e explorada para a manutenção da violência: a carência de vida como poder.[64]

Os doentes, e com isso os sem direitos, agem por princípio em legítima defesa, sobretudo quando são ameaçados de assassinato. Sua luta não está direcionada contra seres humanos: eles não lutam contra policiais, reitores, diretores, ministros e outros expoentes do capital, mas simplesmente contra violências naturais que se opõem a eles na figura desses expoentes que estão a serviço do capital.

Mesmo para o vietcongue não se trata, na verdade, do aniquilamento de cidadãos americanos, mas de escolher os alvos adequados dentro de uma maquinaria de extermínio superpoderosa dirigida contra ele a fim de alcançar, pontualmente e no momento oportuno, o efeito mais eficaz possível para parar o colosso capitalismo.

27. Médico, advogado, professor universitário – sistema de saúde, justiça, ciência

Médico, advogado e professor são agentes das instituições dominantes do capital. De acordo com a autorrepresentação do sistema, eles atuam como elo entre essas instituições dominantes e os pacientes, clientes e estudantes, ou seja, a população. O médico vive dos encargos sociais e honorários dos pacientes, o advogado, dos honorários de seus clientes e o professor universitário, do dinheiro dos impostos da população.

De acordo com a imagem que fazem de si mesmos, de acordo com a ética profissional e o código deontológico da sua profissão, eles existem **para** a população. Através de seu enraizamento institucional no sistema de saúde, na justiça e na universidade, eles são obrigados, enquanto funcionários e agentes de tais instituições de dominação, a impor os interesses do capital contra a população. Essa função se manifesta de modo mais claro e abrangente em seu esforço na demarcação de suas competências e em manter **distância**.

O **médico**, não se interessa pelo paciente, mas por sua incapacidade de trabalhar. O **advogado**, não se interessa pelo cliente, mas por um caso jurídico. O **cientista**, não se interessa pelas necessidades da população, mas por representar os interesses do capital, independentemente daquilo que ele entende por ciência. Nos três casos, existe uma **distância** entre as necessidades do paciente, do cliente e da população e aquilo que os funcionários (médico, advogado, cientista) consideram e tratam como seu objeto de trabalho. Médico, advogado e cientista fazem eles próprios parte do sistema de forças, são expoentes das relações sociais que reproduzem constantemente seu "material de trabalho". Através da origem social, da educação e do poder econômico, uma **barreira** se ergue entre eles e a população trabalhadora assalariada doente, criminalizada e mantida sistematicamente num estado de subdesenvolvimento intelectual.

Cópia do original de uma carta a um paciente que se encontra atualmente no hospital psiquiátrico estadual:

Caro senhor...!

Que o senhor tenha chamado o dr. Honeck de agente do capitalismo, ninguém aqui o levou a mal porque estamos acostumados a coisas do gênero.
Nós sabemos o grande papel que conceitos como "agente, capitalismo, socialismo, Mao Tsé-Tung" desempenhavam para o senhor em seu estado de confusão mental de outrora. O senhor associava tudo e todos à grande política, mostrando pouco interesse pelas pequenas coisas.
O senhor precisa se exercitar cada vez mais em ater-se às relações humanas simples e abdicar de tudo que é delirante e fantástico.
A desconfiança injustificada do senhor diante de nossos esforços médicos retarda a sua cura. Quanto aos medicamentos que o senhor desqualifica como narcóticos, trata-se, ao invés disso, de psicofármacos que revolucionaram a psiquiatria no sentido de que, hoje em dia, doenças como a do senhor, que antes teriam sido consideradas como incuráveis, têm novamente uma perspectiva de cura.

Atenciosamente,
Dr. méd. Ingo Sonntag

(O dr. Sonntag é psiquiatra na clínica psiquiátrica da Universidade de Friburgo – o decano dessa clínica é o prof. Degkwitz.)

28. A função do médico enquanto agente do capital e sua superação e abolição

Toda necessidade, todo sintoma possui um momento progressista e um momento reacionário. O importante é ativar e utilizar o momento progressista e, ao mesmo tempo, tornar consciente o momento reacionário enquanto tal.

A necessidade de "tempo livre", de "vida privada", deve ser entendida como reação institucionalizada e canalizada pelas condições que **adoecem**, como, por exemplo, o local de trabalho. A "satisfação" dessa necessidade deve ser entendida como corrompimento da necessidade de **liberação** provocado pela oferta de "**liberdade**" da indústria do lazer e do entretenimento: campos de futebol, tela de TV, espaços para trabalhos manuais, exposições de filhotes e viagens para Mallorca. A necessidade de liberação – sistematicamente mutilada e desfigurada pela indústria de manipulação e reificação da consciência (= indústria de **lavagem cerebral**) sob o comando do capital –, essa necessidade de produção coletiva de liberdade, torna-se altamente lucrativa ao ser desviada e convertida em necessidade de **consumo** da liberdade sob a forma de mercadoria. Essa liberdade degradada ao nível de mercadoria, a satisfação relativa do cidadão-consumidor, a fraude de cura da medicina – paz e ordem – são aproveitadas pelo capital para a exploração contínua e intensificada no local de trabalho.

A doença dos pacientes é objetivamente a base material da existência e função do médico. Se a doença é reconhecida como condição prévia e resultado do processo de produção capitalista, a atividade progressista do médico só pode consistir, portanto, em trabalhar pela abolição de sua função orientada pelo capital e objetivamente hostil aos doentes e pacientes, ou seja, a atividade progressista do médico só pode consistir precisamente na transformação dessa sociedade e não pode consistir – tal como ela é mal compreendida e praticada em sua forma mutilada – na fabricação da "saúde" do paciente e, com isso, na eliminação passageira da necessidade de "tratamento" de cada paciente. A virada progressista da função do médico só pode tornar-se prática na cooperação solidária com os pacientes. O momento essencial dessa práxis é a socialização das funções médicas. Isso significa, concretamente, a socialização dos conhecimentos e experiências especiais do médico e não sua reprodução conforme o modelo de educação e formação estruturado de modo autoritário. O reconhecimento do papel comum de objeto compartilhado por médico e paciente representa a base sobre a qual se realiza esse processo de socialização orientado pela causa comum. Para o médico e o paciente, esse processo coletivo de aprendizagem é recíproco e só pode ocorrer na base da cooperação, na inclusão do médico no coletivo de pacientes.

Ou o médico coloca suas funções a serviço das necessidades dos pacientes (abolição da propriedade privada da arte médica enquanto meio de produção) ou ele se submete – para sua vantagem "pessoal", material e status – à ditadura das leis naturais da produção capitalista, trabalhando assim objetivamente contra os interesses vitais dos pacientes. No sistema dominante, o "tanto um como o outro" sempre vai às custas dos doentes.

29. O reitor da universidade de Heidelberg como agente do capital

Em sua qualidade de portador de funções específicas na universidade orientada pelo capital, o reitor da Universidade de Heidelberg (assim como o médico-assistente da policlínica da universidade), o prof. Rendtorff, teve desde o início a oportunidade de reconhecer a função do seu cargo dentro da engrenagem hierárquica do sistema dominante. **Antes** da destituição sem aviso prévio do dr. Huber pela universidade, os pacientes haviam tentado falar com o reitor, enquanto instância com poder de decisão, sobre sua situação e os problemas pendentes, o que ele recusou categoricamente, com a justificativa de que isso não dizia respeito aos pacientes (!!). Ao invés disso, ele foi favorável à destituição sem aviso e à proibição ao dr. Huber de entrar na clínica, sem sequer ter ouvido os pacientes. Durante a greve de fome dos pacientes, que ficaram sem a possibilidade de tratamento adequado após a destituição do seu médico, o reitor estava disposto a fazer apenas concessões mínimas totalmente insuficientes, que, além disso, não foram cumpridas depois.

O reitor só tomou conhecimento da situação social precária dos doentes mentais através da emergência e situação precária atuais de cerca de 100 pacientes da policlínica – emergência e situação precária da qual o próprio reitor é corresponsável e culpado –, e mesmo isso mais uma vez limitando-a à pessoa do dr. Huber. Nadando com a corrente da ideologia dominante do extermínio, o reitor contribuiu essencialmente para a personalização inicial dos problemas sociais da doença como "caso Huber". Aqui se manifesta o método habitual de reduzir a luta coletiva contra a miséria social a um cabeça.(65)

Para prejuízo dos pacientes, o reitor apoiou energicamente a tentativa dos instigadores da Faculdade de Medicina de mascarar diante do público as necessidades dos pacientes e o fracasso e bancarrota não somente da assistência médica universitária, através de debates aparentemente formalistas centrados em pessoas.(66) Considerando os argumentos apresentados pelos pacientes, no melhor dos casos pode ser certificado ao professor universitário o estado de menoridade e imaturidade do qual ele próprio é culpado.

30. As instituições do capital

A funcionalização da vida para as necessidades do capital é o traço característico da ordem econômica capitalista (= anarquia): o homem existe em função da economia, e não o contrário. Esse processo de funcionalização e destruição da vida humana é controlado pelo Estado.

A **constituição** [*Grundgesetz*] é a regulamentação dos "direitos" e deveres orientados pelo capital e impostos ao cidadão (população).
O **serviço de inteligência** [*Verfassungsschutz*] tem a missão de proteger a realidade constitucional contra a população, não o contrário!

O **sistema de saúde** organizado pelo Estado tem a missão de proteger o capital e a "ordem" social contra os doentes e não, ao contrário, proteger a população doente contra as relações patogênicas e a violência mortífera do capital.

O **parlamento**, o legislador, tem – assim como a medicina – a missão de categorizar as manifestações vitais da população doente em dois grupos: aquelas que são favoráveis às relações sociais de produção dominantes e aquelas que estão aptas a transformar essas relações conforme as necessidades da população. O parlamento estabelece o direito de proteção e manutenção da propriedade privada dos meios de produção. De acordo com essas leis, os "crimes" – que são de sua parte somente a expressão das contradições sociais em cada um – são combatidos e condenados como violações individuais das normas sociais. O protesto que vem à tona no "crime" deve ser eliminado pela justiça.

A **justiça** assume a função de estação de distribuição, de rampa de seleção para os doentes. Num trabalho em conjunto com a psiquiatria, a justiça delega a exploração dos doentes às prisões, aos reformatórios disfarçados de instituições sociopsiquiátricas (como, por exemplo, o Instituto Central Alemão de Saúde Mental do prof. dr. Heinz Häfner em Heidelberg e Mannheim), aos manicômios (estabelecimentos de "cura" e "cuidado"), ou, em caso de multas, ao "livre" mercado de trabalho para a exploração intensificada do trabalho. Mas o que estava mesmo escrito nos portões dos campos de concentração?: "*Arbeit macht frei!*" ("O trabalho liberta!").

Exército, guarda de "fronteiras"(67) e polícia são instrumentos de violência do governo, cuja função é impor a "ordem" social capitalista hostil à vida em detrimento das necessidades da população doente. A **polícia** – "seu amigo e aliado" – não existe a serviço da população, mas dos interesses dos poderosos e agentes do capital. Porém, se a polícia não existe a serviço da população, a população tem que existir a serviço da polícia. O traço característico de um **Estado policial** não é apenas a competência última da polícia armada para o extermínio definitivo da vida que não pode mais ser explorada pelas agências de exploração do mercado de trabalho, do sistema de saúde e da justiça: traço característico de um Estado policial já é a funcionalização da população para as necessidades da polícia (ver as investigações policiais pela TV, por exemplo o programa "Arquivo número XY" ["*Aktenzeichen XY*"] de Zimmermann, um jornalista da televisão alemã, que para fins de entretenimento regularmente incita a população a participar de investigações policiais). Ao nível da consciência esse negócio sujo é preparado e apoiado pela religião (culpa-expiação), pela escola (recompensa-punição) e pela submissão à autoridade constantemente inculcada na "vida cotidiana".

A pedido da polícia, imprensa, rádio e televisão tentam ativar a população em prol dos interesses do Estado e do capital e, assim, contra seus próprios interesses, convocando-a a participar das perseguições policiais. A imprensa apresenta os êxitos policiais (fuzilamentos, perseguições, detenções) como êxitos que só são possíveis com o apoio ativo da população. É assim que o Estado combate a queda de lealdade da massa, procurando produzir de modo constante e renovado a consciência da identidade entre os interesses dos exploradores e dos explorados, consciência que é necessária para o objetivo de perpetuar esse Estado violento.

Todos e cada um devem se tornar um minipolicial – porque nem todos podem se tornar "criminosos", pois o "crime" coletivo solidário contra a propriedade privada seria a revolução socialista. E se, nesse Estado, todos devem se tornar um minipolicial, então chamamos esse Estado de Estado policial.

Portanto, a revolução socialista só pode ser adiada a duras penas com o auxílio do Estado policial para prejuízo da população doente. Esse Estado policial se caracteriza pela total administração, funcionalização e exploração da vida humana através de uma cadeia de competências ininterrupta: família, escola, serviço militar, fábrica, sistema de saúde. Tudo isso acontece de acordo com o princípio de legalidade (§ 152 StPO = Código de Processo Criminal Alemão), que só é aplicado contra os destroços humanos oprimidos, explorados e doentes, mas não contra os promotores públicos, juízes, diretores, policiais e outros agentes do capital que, segundo sua autovalorização, devem estar "saudáveis", e que no contexto da perseguição de inocentes (§ 344 StGB = Código Penal Alemão) cometem crimes sistematicamente (§ 129 StGB), tais como invasão de domicílio (§ 342 StGB), lesão corporal (§ 340 StGB), privação de liberdade (§ 341 StGB), chantagem (§ 343 StGB), incitação do povo ao ódio (§ 130 StGB) etc. Aquele que vê nessas considerações uma difamação do Estado (§ 131 StGB) deve demonstrar o contrário na *práxis*, se tiver poder para isso.[68]

31. Acerca do problema da violência – A escalada da violência

Constatação: todo potencial de violência material e ideológica encontra-se nas mãos do Estado enquanto instância de repressão a serviço do capital.

Quando expressamos verbalmente, e até certo ponto materialmente, nossa crítica das relações capitalistas de produção em *teach-ins, go-ins*, greves etc., o aparelho de poder da ciência estabelecida e do Estado recusa, no plano verbal, a controvérsia e a discussão orientadas pela práxis. Quando os trabalhadores fazem greve para expressar seu protesto contra as condições de trabalho capitalistas que exterminam a vida, entram em cena – apoiados pelo potencial de violência dos furadores de greve, do serviço de segurança das fábricas, da polícia e da guarda nacional de fronteiras – os conselhos dos empregados e sindicatos para abafar o protesto dos trabalhadores, apontando as supostas necessidades "objetivas" das circunstâncias (obrigação para obter lucro). Se a crítica, o protesto enquanto **resistência**, toma forma de um certo grau de violência material, ele é criminalizado e eliminado pelo Estado, servindo-se da ideologia do cabeça, como "resistência contra a autoridade pública". Se essa resistência acontece de forma organizada, não mais de modo pontual, mas sob a forma da força produtiva revolucionária doença, então a "resistência contra a autoridade pública", artificialmente individualizada pela ideologia do cabeça, se torna, sob a mira dos dominadores, uma "associação criminosa com o objetivo de subverter a ordem constitucional" (§ 129 e § 81 StGB);[(69)] e a força produtiva revolucionária doença e seus portadores, os pacientes socialistas, são encerrados atrás de grades e muros (encerrados em celas de isolamento e incomunicáveis, pois, nesse nível de confrontação entre vida e capital, o isolamento só pode ser aparentemente mantido por meio da utilização aberta da violência bruta), encerrados para proteger as relações sociais mortíferas de destruição contra a força produtiva doença. Essa escalada da violência por parte dos opressores dominantes é um reflexo do desenvolvimento da força produtiva revolucionária doença. Os pacientes, que são arrastados para julgamento, estão aqui como representantes da força produtiva doença. Eles se confrontam com o poder frio, petrificado e morto do capital, que procura se vingar da emancipação e da solidariedade dos doentes recorrendo aos princípios do direito penal baseado no princípio da culpabilidade [*Schuldstrafrecht*]. "A vingança é um prato que se come frio", disse já em 1944 o ministro da Propaganda de Hitler, Goebbels.

O advogado Horst Mahler, acusado no processo Springer, disse: "A acusação já tem uma sentença preconcebida, um preconceito [*Vorurteil*],[i] o tribunal é a sede da estupidez, e tudo isso apenas para proteger esse canalha". "Canalha" se referia aqui a Springer. Porém, o canalha do Springer é apenas um agente da força destrutiva do capital, das relações de produção que exterminam a vida. O preconceito, a sentença preconcebida, não é de modo algum monopólio do procurador da República. Preconceito, sentença preconcebida e estupidez também estão reunidos na pessoa do juiz: Jürgen Roth já havia escrito, no dia 13 ago. 1971 no jornal semanal *Publik*, que os juízes de Heidelberg estão dizendo "oficiosamente" que todos os pacientes são criminosos. No entanto, na linguagem do direito dominante, esse fenômeno não se chama "preconceito", mas "parcialidade", sendo objeto de análise judicial do próprio poder judiciário – autorreflexão no espelho deformador!

Na realidade, com essa "parcialidade", pela primeira vez concedeu-se judicialmente aos pacientes a relevância jurídica, na forma de legitimação passiva [*Passivlegitimation*] (= o direito a ser sentenciado e a recorrer a meios legais). Essa legitimação passiva havia sido negada aos pacientes por advogados e juízes diante do requerimento dos pacientes para suspender a execução da sentença de despejo. Os pacientes devem ser estigmatizados como criminosos, a doença deve ser carimbada de crime quando vem à tona como força produtiva organizada **em prol** dos pacientes.

No sistema de saúde, a doença é tratada como objeto, como material doente, ou seja, os momentos reacionários da doença são utilizados **contra** o paciente: ele é confirmado em sua atitude negativa diante da doença. Sua doença lhe é retirada, burocraticamente administrada,

---

i O termo *Vorurteil* é composto pelo prefixo *vor*, que significa "anterior", "prévio", "pré-", e a palavra *Urteil*, que pode ser traduzida como "julgamento" ou "juízo", dependendo do contexto. A tradução mais usual de *Vorurteil* é "preconceito". No contexto em que é usado nessa passagem, *Vorurteil* comporta tanto a ideia de "preconceito" como a de "juízo formado", "preconcebido". [N.T.]

analisada química e radiograficamente, tratada de modo farmacêutico, elétrico, radioativo e cirúrgico, amputada; em suma, o paciente é expropriado e sua doença, transformada em capital, em capital da indústria da construção (hospitais, mansões para os médicos-chefes), da indústria química e farmacêutica (reagentes, remédios), da indústria eletrônica (aparelhos de radiografia, aparelhos de radioterapia, aparelhos de eletrocardiograma e eletroencefalograma etc.), da indústria do vidro (aparelhos de laboratório) etc.

Enquanto momento progressista da doença **em prol** dos pacientes, o protesto é sistematicamente reprimido na relação médico-paciente e, no melhor dos casos, quando o protesto em geral ainda pode se manifestar sob uma forma qualquer, o paciente é desqualificado e ignorado como criticastro e *querulante* ou, em "casos graves", explorado, capitalizado e internado como material psiquiátrico doente.

Porém, se a doença se apresenta de forma organizada como no SPK, então a sua exploração capitalista através do sistema de "saúde" é impossibilitada por meio da utilização do momento progressista da doença pelos e em prol dos pacientes organizados. Se esse contexto de exploração é de fato perturbado pelos pacientes, no lugar do sistema de saúde entram em cena as instâncias da polícia e da justiça: metralhadoras ao invés de eletrochoques, cela de isolamento ao invés de haloperidol e camisas de força – escalada da violência!

32. O exemplo da "mania" de perseguição – momentos progressista e reacionário de uma doença

A "mania" de perseguição é uma doença extremamente disseminada; ela é a doença social por excelência no sentido mais amplo. A expressão "mania" de perseguição é apenas um rótulo cujo significado já demonstra a incompreensão daqueles que o criaram. Quando alguém vê, em todas ou quase todas as impressões experienciadas no mundo ao seu redor, uma ameaça à sua existência, à sua "vida", quando ele produz, ainda, fenômenos através da sua fantasia (alucinações), fenômenos para os quais não podem ser comprovadas causas imediatamente constatáveis no presente material, então ele é declarado pelos médicos de serviço que fazem o diagnóstico como paranoide, como maníaco de perseguição. Agorafobia (medo de atravessar espaços abertos), fobia de atravessar pontes, claustrofobia (medo de espaços fechados e superlotados), hipocondria (medo da falha do próprio organismo), eritrofobia (medo de enrubescer) etc. são simplesmente manifestações particulares da "mania" de perseguição. A "mania" de perseguição nada mais é do que o reverso rotulado, proscrito, discriminado, difamado ou o prolongamento daquilo que é qualificado na voz do povo como "desconfiança saudável". A "mania" de perseguição é um produto do ser-objeto de cada um na sociedade capitalista, uma expressão da relação polarizada entre vida e capital, entre matéria orgânica viva e matéria inorgânica morta.

O homem isolado fica angustiado, sente-se ameaçado por **"poderes" desconhecidos** porque a realidade social é impenetrável para ele, porque lhe é alheia, porque ele é **alienado** dela e ela dele: a condição prévia da sociedade capitalista é precisamente o isolamento e a ausência de consciência. O **momento reacionário** da doença "mania" de perseguição é a **inibição**, o qual significa a paralisia para o "maníaco" impotente, isolado e alienado. Seu **momento progressista** é o **protesto** contra as relações de produção dominantes, que são sentidas pelo doente como hostis, como uma ameaça à vida – o que corresponde totalmente à realidade. O objetivo e a função da agitação devem ser tornar a realidade social acessível e compreensível ao doente e direcionar seu protesto desorientado e paralisado para ações coletivas de resistência contra as relações sociais patógenas que exterminam a vida.

A utilização e a exploração destrutivas da "mania" de perseguição enquanto doença social se manifestam na mobilização de seu momento reacionário pela pequena minoria radical dos agentes e cúmplices do capital, que dispõem de todo o potencial de violência material da sociedade (armas, prisões, tribunais, clínicas, manicômios etc. etc.): XY-Zimmermann, histeria em relação ao Baader-Meinhof, mandados de captura, campanha de difamação e incitação feita pelas quadrilhas Genscher-Springer-Löwenthal.

Por outro lado, o medo dos dominadores (portanto a "mania" de perseguição **deles**) é a reação, totalmente adequada à realidade, ao poder adormecido de uma população que agiria de modo coletivo e solidário, poder que é constantemente contido pela violência: "Seus mil medos são mil vezes vigiados".

Assim como a massa desestruturada da população, o homem isolado é objeto e não sujeito do processo histórico. O alienado, o manipulado, o perseguido, o "maníaco" de perseguição está indefeso à mercê das relações de produção objetivamente mortíferas da "ordem" social dominante. A "mania" de perseguição é, portanto, uma expressão adequada à realidade.

Quando, numa conversa inocente de bar, um desconhecido pergunta a um "maníaco" de perseguição qual é sua origem e endereço, o "maníaco" fica agitado e teme que seu interlocutor seja um agente do serviço secreto [*Verfassungsschutz*]. Existem, de fato, muitos desses agentes e muitas pessoas que, sem saber ou por interesses egoístas (novamente "mania" de perseguição), exercem as funções de informantes dessas e de outras instituições do Estado. Quando o "maníaco" de perseguição come um arenque, ele pensa que o podem estar envenenando para deixá-lo pessoalmente doente ou matá-lo. A assim chamada poluição do meio ambiente, que dita o capital hostil à vida, é um fato, uma ameaça totalmente real a toda vida humana.

Ou o "maníaco" de perseguição tem algum dinheiro ou um emprego. Ele tem medo de perdê-los. Que alguém roube seu dinheiro, que um colega "melhor" fique com seu emprego. – O pouco de dinheiro que tem é seu único "documento de identidade" que lhe permite comer, vestir uma roupa quente, ter um teto sobre a cabeça; para ele, o emprego é a sua única possibilidade de "realizar-se", de ganhar seu sustento. Para ele, dinheiro e emprego são sua vida. – Mas há a privação e a miséria, logo, ladrões. E existe o princípio da concorrência, logo, egoístas sem escrúpulos. E existe o capitalismo, em que o desempregado e o sem dinheiro são considerados como menos que nada [*weniger als nichts*], transformados totalmente num joguete dos interesses dominantes; o capitalismo, em que o trabalhador doente, oprimido e explorado é constantemente roubado – nos preços, juros e aluguéis, pelas lojas de departamento, bancos, proprietários usurários; o capitalismo, em que fábricas são fechadas ou "racionalizadas" sem levar em consideração as necessidades dos trabalhadores.

O "maníaco" de perseguição tem medo de ir ao médico, tem medo do exame, da terapia, das injeções, das operações etc. – Durante o exame são registrados seus "dados pessoais", sua biografia (anamnese), ele tem que apresentar seu documento de identidade como na polícia, sua carteira (segurada ou não) como no mercadinho ou na casa do futuro sogro, ele tem que tirar a roupa, deixar que o observem e apalpem como uma vaca no mercado de gado, e tem que aceitar o diagnóstico tal como o réu aceita a sentença do juiz. Daí vem a terapia, a punição: ele é proibido de fumar, de beber, tem que deixar que lhe deem injeções que causam dor, tem que se submeter a operações, deixar que lhe retirem órgãos ou membros. E ele nunca fica sabendo, nem durante o exame, nem após a "cura", como e por quê!

– Mania de perseguição? Não, realidade!

Ou o "maníaco" de perseguição vai até um jornal para fazer com que este transforme suas misérias e as misérias da sociedade em conteúdo de um artigo. O jornalista é para ele um representante dos interesses da sociedade. Ele lhe diz como "se" deve apresentar a sua causa, ele fala das necessidades assim chamadas objetivas das circunstâncias, da "opinião pública", dos anunciantes e dos assinantes que têm que ser levados em consideração. Por fim, se o "maníaco" tiver sorte, talvez um pequeno artigo seja publicado. O "maníaco" alucinado não reconhece nem a si nem à sua causa no artigo. Ele acredita que não entende mais o mundo. E, então, de repente é publicado um grande artigo de um professor ou ministro, e nele encontra-se algo totalmente diferente: que o "maníaco" de perseguição é um maníaco de perseguição, que ele é louco e criminoso, que "não pode ser tolerado e que deve ser eliminado o mais rápido possível". – Mania de perseguição? Não! Realidade!

Ou o "maníaco" de perseguição se sente ameaçado e perseguido por assassinos quando está voltando para casa à noite. Sombras obscuras o perseguem de modo traiçoeiro. Mas ele não aprendeu, nem na casa dos pais, nem na escola, nem na aprendizagem, nem na universidade, que a sociedade capitalista está baseada no assassinato, que "sua vida" é apenas o produto residual da acumulação capitalista, que o assassinato sistemático e freado, tal como se expressa na doença, é condição prévia e resultado das relações de produção capitalistas. E ele não ficou sabendo que é perseguido e espreitado dia e noite, que sua casa está rodeada de policiais à paisana disfarçados de salteadores, e que as instituições e agências do capital preveem a supressão e a destruição de toda moção vital autônoma dos oprimidos e explorados recorrendo a todos os meios à sua disposição, desde o decreto ministerial até a bala das metralhadoras policiais, passando pela difamação pública.

O homem ou a mulher que têm medo de ser matados têm razão! É preciso apenas fazer com que entendam por que têm razão. Assim, o medo deles se torna uma arma. "Fazer da doença uma arma" – eis o princípio do SPK.

33. Agressividade – ataque e defesa

Assim como a tristeza, o desespero etc., as agressões são afetos que, sob o domínio da necessidade social primária de acumulação do capital, devem ser conduzidos, em caso excepcional, a um "tratamento especial" pelas instituições do capital.

Aquilo que se manifesta **normalmente** como agressão é um protesto deformado: convenções, cortesia, correção, gentileza, ironia, autocontrole, distância, reserva **extrema** ("nunca se sabe"). Esse protesto inibido e canalizado impede as confrontações abertas, volta-se contra nós mesmos, é transmitido gradativamente de cima para baixo: do patrão ao diretor, do diretor ao encarregado, do encarregado ao operário, do operário contra o operário.

Os bons modos são modos de **evitar** [*Umgangsformen als Umgehungsformen*] tendendo a mascarar os antagonismos de classes, para encobrir as contradições e atiçar escaramuças, uma guerra de guerrilhas entre os próprios afetados, explorados e oprimidos. Nós deixamos para o inimigo de classe esse negócio de convenções – a careta suave e sorridente da violência. Nada mudará enquanto evitarmos as nossas dificuldades ao invés de abordá-las diretamente. A palavra "agressão" vem do verbo latino "*aggredi*", que significa "abordar um assunto".

Se, por vezes, os pacientes do SPK foram recriminados (sobretudo pelos estudantes de "esquerda" e "simpatizantes") por serem agressivos, ingênuos, militantes etc. etc., essa recriminação deve ser considerada como uma reprodução do ritual de rotulação dos psiquiatras, psicólogos, criminólogos, demagogos, juízes, promotores públicos etc. (aqueles que preparam seus adversários através da classificação com o objetivo de sua destruição física). Essa recriminação é igualmente um indício da incapacidade (angústia!) desses "esquerdistas" de romper com as convenções burguesas – ao invés disso, esquivam-se da questão e de si mesmos por meio de votações, moderadores de debate, lista de oradores, formas civilizadas de discussão. Com isso, reproduzem **em** suas organizações **as** estruturas que querem combater numa escala de massa.

Em todas as lutas de liberação, trata-se, para os combatentes, de fazer do seu papel de objeto, que lhes é imposto, um princípio afirmativo: os proletários do *Manifesto do Partido Comunista* (1848), que "numa revolução comunista não têm nada a perder além de suas cadeias", os afro-americanos dos EUA que lutam, organizados no Black Panther Party, pela abolição de sua existência como escravos "modernos", e finalmente os doentes que reconheceram na doença **a** força produtiva revolucionária e agem movidos por ela. Na luta de liberação dos doentes, não se trata da defesa de um status socialmente fixado, como também não se trata, no *Manifesto do Partido Comunista*, da defesa do status de proletário ou, na luta do Black Panther Party, da defesa e, com isso, da manutenção do papel de negro na sociedade exploradora. Através do atributo constitutivo da ausência de direitos, os doentes têm o "direito natural" de autodefesa, isto é, de defesa da substância vital que lhes resta e está sujeita aos ataques constantes dos agentes da economia da morte.[70]

A autodefesa não é um fim em si, mas uma estratégia que preserva aquilo que é defendido – os restos de substância vital, "a vida" – para mobilizá-lo em prol da luta coletiva de liberação contra as violências do capital organizado, contra os administradores e agentes da exploração, repressão e assassinato nas formas socialmente institucionalizadas aqui e agora. Portanto, no processo de autodefesa já está contido seu oposto, o ataque enquanto luta coletiva baseada na cooperação e na solidariedade, que é ao mesmo tempo um meio e uma nova qualidade. A luta coletiva é a nova qualidade na qual a oposição dialética ataque-defesa é superada.[71]

34. Identidade com o capital no exemplo do "sucesso"

Nessa ordem social, "sucesso" significa corrompimento do "bem-sucedido" = o "enganador enganado".

A identidade das pessoas singulares com o capital se manifesta sob diversas formas: anseio por e apego à posse. Angústia diante da perda dessa posse, desprezo pela "vida nua", nem que seja apenas pela necessidade de roupas da moda. Os ditos símbolos de status – carros, viagens, hobbies, decoração da casa etc. – são pura e simplesmente petrificações da vida – identidade com o capital. Esse acúmulo de bens de consumo nada mais é do que autoilusão e está exclusivamente a serviço da reprodução da mercadoria força de trabalho. O "sucesso" que a pessoa singular tem é uma ilusão: seja porque encontra um emprego favorável ou uma moradia até certo ponto aceitável, seja porque conseguiu fazer um exame excelente ou pelo "sucesso" com as mulheres.

O sentimento de ser "reconhecido", de ser simpático, de ter "alcançado algo", de ser bom ou até mesmo melhor do que os outros (princípio de concorrência e rendimento do trabalho) é um resultado da supressão sistemática da vida humana. A sensação de sucesso é em regra acompanhada por um sentimento de gratidão a determinadas instituições sociais e seus expoentes: empregadores, proprietários de imóveis, reitores, redatores de jornal, editores de livros e, por fim, às relações sociais em geral. Porém, o pretenso sucesso "próprio" é o sucesso real do lado adversário – um sucesso do corrompimento; um elemento essencial da identidade dos "bem-sucedidos" com o capital.

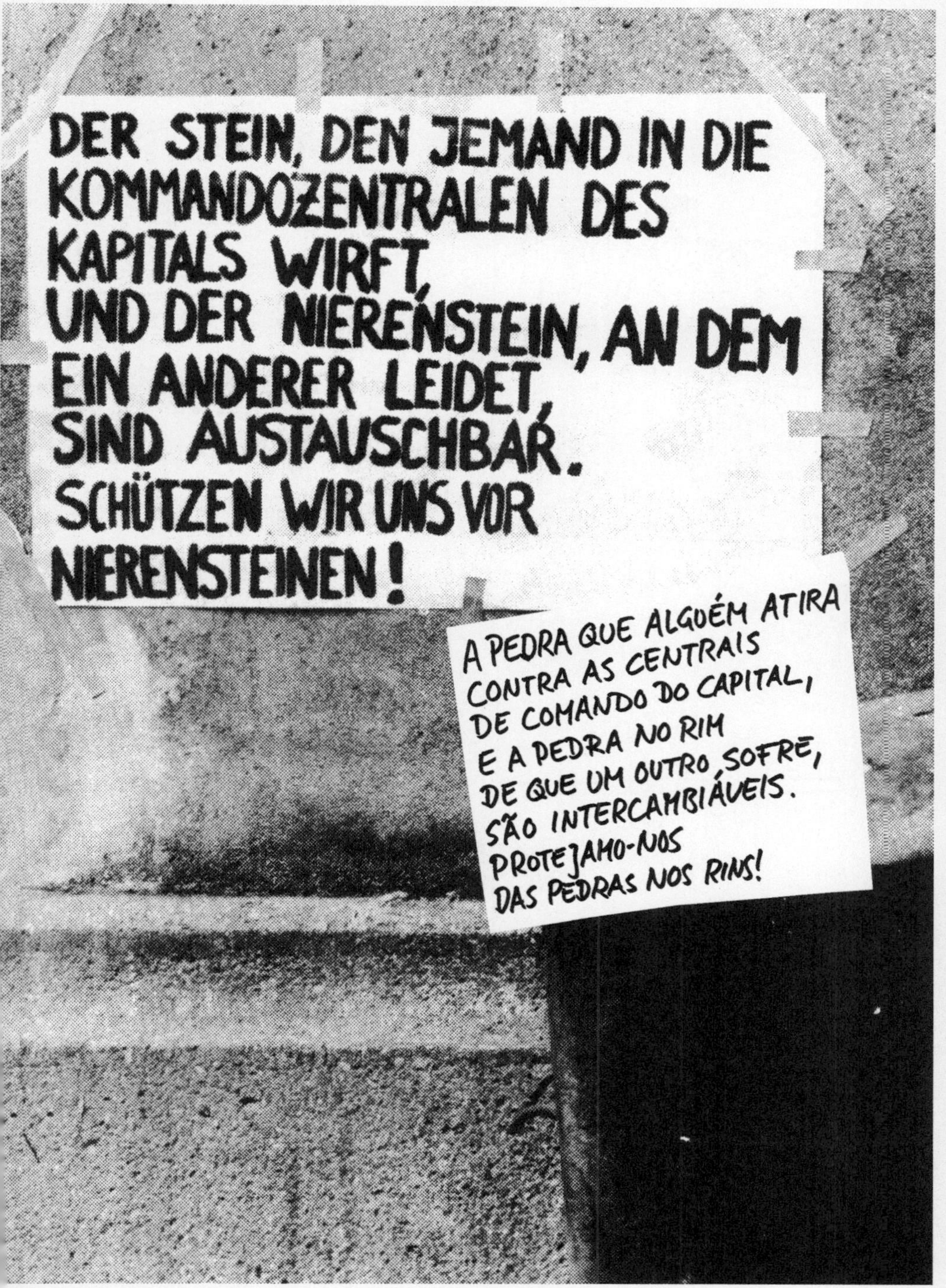

DER STEIN, DEN JEMAND IN DIE
KOMMANDOZENTRALEN DES
KAPITALS WIRFT,
UND DER NIERENSTEIN, AN DEM
EIN ANDERER LEIDET,
SIND AUSTAUSCHBAR.
SCHÜTZEN WIR UNS VOR
NIERENSTEINEN!

A PEDRA QUE ALGUÉM ATIRA
CONTRA AS CENTRAIS
DE COMANDO DO CAPITAL,
E A PEDRA NO RIM
DE QUE UM OUTRO SOFRE,
SÃO INTERCAMBIÁVEIS.
PROTEJAMO-NOS
DAS PEDRAS NOS RINS!

AGIT COMIX
by pan
De novo estou totalmente acabado. Bosta de trabalho na linha de montagem!
Schlurch
Este ar de merda ainda Vai acabar totalmente comigo
Schlurch
Schlurch
Também não estou mais dormindo bem.
Schlürch
Schlurch
Amanhã preciso conversar com meus colegas de trabalho

35. Identidade política

Para que a desproporção entre as forças produtivas desenvolvidas e as relações de produção mantidas de modo sistemático e violento em estado de subdesenvolvimento seja conservada em benefício da acumulação de capital, é necessária a subordinação das necessidades humanas às "leis da natureza" da produção e da destruição capitalista.

Em cada um, essa contradição se manifesta na separação e na oposição entre razão e sentimento. A coexistência, o mais livre possível de perturbação, dessas duas manifestações da vida artificialmente separadas é a condição prévia da "calmaria" dos afetos, da ordem nas fábricas onde a força vital humana é transformada racionalmente em matéria inorgânica (= capital).

A "razão" do capital se manifesta na racionalização das fábricas, no aumento das forças produtivas, na intensificação da exploração e na manutenção violenta das relações de produção.

A racionalidade de cada um é determinada pela racionalidade do capital, que se lhe opõe como violência natural que ele vivencia diariamente, e que por isso mesmo tem que lhe parecer totalmente "razoável". Por isso seu protesto contra essa violência exterminadora da vida só pode ser inicialmente um protesto sentido, emocional. Mas, como a "razão" domina, esses "deslizes" emocionais são racionalizados e "desaparecem" em úlceras gástricas, inflamações na vesícula, problemas no sistema circulatório, pedras nos rins, cãibras de todos os tipos, impotência, resfriados, dores de dentes, doenças de pele, dores nas costas, enxaqueca, asma, acidentes de carro e de trabalho, insatisfação etc. – ou então as emoções proliferam nas relações interpessoais (peste emocional), na ausência de afeto (pessoas "sérias"), na psicose etc.

Essa violência da "razão" é a morte vagarosa na forma do momento reacionário da doença.

As necessidades dos mutilados de tal modo pelo sistema, isto é, nossas necessidades, tornam-se o centro, o ponto de partida, o motor de um vasto trabalho político de agitação da auto-organização socialista determinada pela doença.

Necessidades como posse, carreira, individualidade, desenvolvimento da personalidade, perspectiva profissional revolucionária, as pretensas necessidades "humanas universais" sempre são reproduções inequívocas das formas capitalistas de interação e status, agindo como inibidoras da solidariedade e sendo hostis à vida.

Tudo quanto é aparentemente diferente e separa, tudo quanto favorece primeiramente o isolamento e, com isso, a submissão ao capital, é superado na comunidade e na unidade das necessidades de transformação dos doentes. Essa comunidade das consciências se manifesta na identidade política. Identidade[72] política significa: unidade entre as necessidades e a práxis política a favor de tais necessidades, o que não pode ser nada mais do que a luta solidária contra a violência natural do capital.

36. Ao invés de um protocolo de agitação

Imagine um doente com achaques permanentes: insônia, dores de cabeça, taquicardia, medo da morte. Ele precisa, então, ter constantemente medo de ser vítima de uma "doença profissional", de um "acidente" de trabalho, de um acidente de trânsito ou de uma gripe. Agora, quando esse doente vai ao médico, ele espera que este encontre as causas "orgânicas" do seu sofrimento (exame, diagnóstico) e que as elimine (terapia), supondo sempre que elas sejam indiscutivelmente de índole "orgânica". O procedimento do médico favorece essa expectativa "natural": ele retira o sangue do paciente para análise, faz radiografias do seu corpo, testa os reflexos com martelo e agulha e finalmente prescreve uns comprimidos ou dá uma injeção no paciente. Ou então envia o paciente para o hospital, onde ele é operado, cortado, suturado ou amputado. Porém, antes e, por vezes, também durante a "terapia", o paciente pode falar sobre a sua doença. Não necessariamente aquilo que ele quiser: ele tem que informar ao médico seus dados pessoais, seu número de seguro social, o conteúdo do seu passaporte, essa sentença de morte à ordem que todo cidadão alemão tem no bolso, e o atestado médico, o certificado de que o paciente já pagou adiantado os custos de sua restauração através da confiscação duradoura de seu salário ("encargos sociais").

Se, antes de começar um novo trabalho, o doente tem que se submeter a um exame obrigatório com o médico da empresa (em alemão também chamado "*Vertrauensarzt*" = médico de confiança, porque goza da confiança [*Vertrauen*] do capital) ou na secretaria de saúde pública (uma espécie de inspeção técnica de máquinas de trabalho), então ele responderá às perguntas que lhe serão feitas, na medida do possível, só "corretamente". Ele não contará nada sobre seus sofrimentos e achaques. À pergunta "Houve doenças hereditárias, mentais ou suicídios na família?", ele não responderá de modo espontâneo e verdadeiro: "Sim. Onde mais?", mas dirá simplesmente "Não" para conseguir o cargo, senão...

Por outro lado, um doente vem para o SPK com mais ou menos a mesma expectativa em relação à "cura" da "sua" doença. Mas aqui o exame corporal e a assistência médica, incluídos tratamentos e cuidados com medicamentos, ocupam um papel secundário. Ao invés disso, o doente tem a oportunidade de refletir sobre as causas e a função de seus achaques e de falar com outros doentes. Durante o processo de agitação terapêutica, ele descobre, súbita ou gradativamente, que toda essa história do condicionamento orgânico e da autoculpabilização por estar doente ... talvez ... realmente ... sim, que talvez essa seja a chave, que toda a sua existência social ... sim, mas então ele teria que fazer algo, então, sim, ele **poderia** ... fazer algo ... junto com os outros doentes. Sim – mas **eles** são muito "mais saudáveis" do que eu, caso contrário não estariam tão vivos ... **Comigo** isso é um pouco diferente, estou **realmente** doente, eu não posso ... ou talvez tenha medo? Medo de perder **minha** doença? Medo da minha própria vitalidade, da minha energia vital que foi colocada em fogo baixo, suprimida desde o meu nascimento? – Então prefiro tentar isso no plano político: só podemos ser politicamente ativos se estivermos totalmente saudáveis! E **se** às vezes estou doente, então vou ao médico, então ele me conserta perfeitamente. E os médicos também dizem que é preciso apenas **acreditar** para ficar totalmente saudável e, então, também ficamos saudáveis ou permanecemos assim. E quando então eu estiver totalmente saudável ... **depois**, depois farei algo muito grande! "Cooperação"... "Solidariedade" – onde existe isso? ... Na China, no Vietnã, em Cuba, sim ... sim ... Mas e aqui, agora? ... Aqui! Agora! Auto-organização socialista sob a determinação da doença?

Notícias sobre doença

De modo cada vez mais claro se revela o que mudou na Alemanha desde 1945: nada!

Tentaram nos convencer de que estamos vivendo melhor: carro, televisão, férias. No entanto, o fascismo só melhorou sua forma. Por detrás de todo o seu esplendor se esconde o aniquilamento de seres humanos em nome do interesse dos empresários em obter lucro.

medo à vida

Ao que parece, hoje em dia as relações dentro de inúmeros casamentos e famílias devem ser qualificadas como extremamente carregadas de tensão, e as pessoas que vivem tais relações, tanto adultos quanto crianças, devem ser qualificadas como "infelizes". Porém, parece que essas pessoas não são capazes de compreender as causas de seu sofrimento. Essas observações fazem com que surja um interesse em conhecer as causas e razões do sofrimento das pessoas da família burguesa. Ao longo da pesquisa se impôs o conhecimento de que se trata de causas sociais que, fundadas política e economicamente, determinam as relações de vida das pessoas dentro do casamento e das famílias. O resultado desse conhecimento foi a intenção de dar às pessoas, com este trabalho, a possibilidade de compreender o condicionamento social de seu sofrimento, de evitar as recriminações dirigidas a si mesmas, de poupar seu cônjuge e seus pais de acusações de culpa individual e de transformar a insatisfação familiar numa crítica contra a sociedade.

Made in Germany Notícias

Alcoolismo

Heróis contra o Diabo

Enquanto seu marido ia trabalhar na metalúrgica Mannesmann, todos os dias Wilma Glupp (35 anos) tinha fraqueza e a sede a dominava. O médico escreveu no atestado que, durante meses, ela "bebia álcool em excesso, negligenciando tanto seu filho quanto os afazeres domésticos".

A dona Wilma prometeu que ia melhorar, fez um tratamento ambulatorial com o remédio Exhorran – só que não se tornou mais estável. A administração pública [*Ordnungsamt*] recorreu a um juiz de comarca e a cidadã de Duisburgo foi enviada à força ao manicômio fechado de Süchteln "devido a alcoolismo". Nota oficial ao receber alta depois de dez semanas: continuidade do tratamento neurológico e acompanhamento do serviço de assistência a alcoólatras são indispensáveis. Conta do hospital: 770 marcos.

Ninguém queria arcar com as despesas. O caso de Wilma Glupp transcorreu como quase todos os casos de alcoolismo, cujo número quadruplicou apenas entre 1951 e 1966, sendo estimado hoje em cerca de *600.000* casos pelo "Centro alemão contra os perigos da dependência".

O médico-chefe do Conselho Regional de Medicina de Munique, dr. Hellmut Kramm, queixa-se de que "todas as instituições responsáveis por arcar com as despesas – Caixas de Previdência, Fundos de Aposentadoria e Assistência Social – procuram se eximir dessa responsabilidade". Ele chama anacronismo o fato de a Caixa de Previdência só ser obrigada a pagar quando o alcoólatra já está "destruído".

No entanto, até aqui o anacronismo foi diário. *A sociedade moderna de consumo exalta o álcool e condena o alcoólatra.*

depressão

Manhã sombria

A revista alemã de medicina *Euromed* retratou recentemente uma situação típica de consulta: "O paciente está sentado deprimido com um sentimento generalizado de frouxidão, com um pouco de tristeza cuja causa é desconhecida; daí seu médico lhe diz, tentando encobrir as preocupações do paciente, quão belo está o sol brilhando lá fora, que ele tem – o paciente – filhos tão alegres".

A revista informa seus leitores médicos de que tais palavras bem-intencionadas são não apenas inúteis para o paciente, mas até mesmo um perigo para sua vida. Pois só intensificam, naquele que está sofrendo de depressão, a ideia de que não tem sentido continuar vivendo: mesmo o médico não entende mais o paciente.

Porém, com frequência pacientes com depressão não recebem um acompanhamento adequado. Consequência: inúmeros suicídios e tentativas de suicídio.

Mais de 12.000 alemães ocidentais põem um fim a suas vidas anualmente; aqui, um número – provavelmente maior – de suicídios não é notificado, suicídios em que o autor simula ter sofrido um acidente ou os familiares mascaram o fato. E no mínimo cinco vezes tão frequentes são as tentativas de suicídio em que os médicos poderiam ajudar a tempo. Numa grande parcela daqueles que fogem da vida, com ou sem sucesso, a depressão torna a vida insuportável.

Este mundo das finanças é desumano

farmacodependência

A força com muletas

▷ Em 1967, todo cidadão da República Federal da Alemanha, incluindo idosos e crianças, consumiu em média 50 marcos de medicamentos (mais os medicamentos não prescritos pelos médicos e, portanto, não ressarcidos pela Previdência).

Apenas uma pequena parte de remédios que enriqueceram de modo decisivo o arsenal dos médicos nas últimas décadas, por exemplo, os antibióticos modernos ou psicofármacos (para o tratamento de perturbações psíquicas graves), participa desse *boom* de drogas medicinais.

Comprar saúde

As promessas com as quais os fabricantes de comprimidos procuram vender ao homem seus consolos farmacêuticos na televisão e na seção de propaganda da imprensa médica especializada, lembram de fato a mensagem de salvação de Huxley: "Como o frescor de um novo dia" (analgésico Vivimed), "Sempre em forma" (remédio para regeneração Aktivanad), "Contra os fantasmas noturnos de hoje" (comprimidos para insônia Doroma), "Óculos escuros para a psique" (calmante Librium).

E os publicitários que fazem campanhas para a indústria farmacêutica desencadeiam superlativos para eliminar o medo usual do consumo desenfreado de comprimidos – medo recentemente reforçado novamente pela catástrofe do remédio Contergan (talidomida). Texto de propaganda do comprimido para insônia Doroma: "Tolerância insuperável"; texto do analgésico Dolviran: "Tolerância excelente comprovada por milhões"; texto do calmante Librium: "Leve e eficaz"; texto do comprimido para insônia Staurodorm: "Sem perigo de dependência e de habituação".

▷ Nove dos dez medicamentos líderes em estatística de vendas (*mantida em segredo*) da indústria farmacêutica da Alemanha Ocidental em 1967 eram analgésicos, drogas para insônia ou perturbações psíquicas.

▷ Como o neurologista prof. Eberhard Bay, de Düsseldorf, relatou, os comprimidos analgésicos desempenham "o maior papel em termos numéricos". Ao menos um quarto dos cidadãos alemães toma analgésicos regularmente. Já em 1965, cerca de 2 bilhões de comprimidos foram consumidos na República Federal da Alemanha; valor total: 120 milhões de marcos.

▷ Enquanto sucessor do pérfido Contergan – o consumo de Noludar, até então um calmante popular vendido sem receita médica, aumentou seu volume de vendas anuais de 2 milhões de marcos em 1961 para 8,7 milhões no último ano. Consumo de Noludar em 1967: cerca de 125 milhões de doses para dormir.

▷ Valium, o calmante mais prescrito por médicos da Alemanha Ocidental, que só chegou ao mercado cinco anos atrás, atingiu no último ano um volume de vendas (no atacado) de 30 milhões de marcos – ele está no topo da lista farmacêutica dos mais vendidos. Estimativa de consumo de Valium em 1967: 250 milhões de comprimidos.

O mais incômodo

VOCÊ TEM UM INIMIGO:

Ele não está nem aí para o que você ganha –
desde que ele ainda esteja ganhando o suficiente
à sua custa.
Ele não está nem aí para o que você gasta –
desde que você só compre dele.
Ele não está nem aí para o que você compra –
desde que ele decida se você tem uma aparência
decente.
Ele não está nem aí para a sua aparência –
desde que o seu cabelo não seja comprido demais.
Ele não está nem aí para o seu cabelo –
desde que você fique de boca fechada.
Ele não está nem aí para a sua opinião –
desde que você labute como um condenado para ele.
Ele não está nem aí para o que você diz –
desde que você não faça nada contra ele.

Ele não está nem aí para o lugar onde você tem
que trabalhar –
desde que você não veja o lugar onde ele vagueia.
Ele não está nem aí para o lugar onde você mora –
desde que você lhe pague o aluguel em dia.
Ele não está nem para os hits que você ouve –
desde que você dance conforme a música dele.
Ele não está nem aí para os romances policiais
que você vê –
desde que você não prove que ele é o culpado.

Tente falar com ele –
ele só pode ficar com raiva ou enrolar você.
Tente negociar com ele –
ele dá risada e esfola sua pele.
Antes que ele ceda sua propriedade,
antes que ele desapareça –
ele prefere destruir o mundo
com você junto.

Você tem um inimigo:
Ele já está mais uma vez levantando o braço
para bater em você –
enquanto você o deixar bater em você.

ofertas de trabalho

Procuram-se:

Diagnosticadores para detectar precocemente desvios de mentalidade e de atitude política.
Psicólogos para eliminar dificuldades de adaptação dos jovens.
Naturopatas para a prevenção de transformações prejudiciais da consciência.
Oftalmologistas para o tratamento da perspicácia.
Anestesistas para uma terapia geral de sono prolongado.
Médicos curandeiros com experiência em tratamentos coercitivos de prevenção contra a expansão preocupante de glóbulos vermelhos.
Pessoal de enfermagem para o acompanhamento de adictos à liberdade.
Cirurgiões para extirpação de excrescências e excessos.
Professores para experimentos em série de transplante cerebral.
Médicos de confiança para curar a democracia de sua anemia.

A sociedade capitalista nos tornou todos doentes! O capitalismo tem que desaparecer!

Assassinato na rampa

Vigaristas

Como os números de vendas da indústria farmacêutica demonstram, os alertas dos críticos especialistas na matéria não foram ouvidos até aqui.

"Estresse no local de trabalho"

Frankfurt (dpa). O "estresse no local de trabalho", que se torna cada vez maior, faz com que aumente o número de doenças nervosas e mentais. Em seu relatório apresentado na reunião anual da agência alemã de proteção ao trabalho, encerrada na última quarta-feira em Frankfurt, o médico diretor do órgão de saúde pública de Bochum, dr. Heinrich Buckup, disse que atualmente 40% dos homens e mulheres em estados de baixa temporariamente sofrem de perturbações vegetativas e funcionais, cuja principal manifestação são perturbações nervosas cardíacas e dores de estômago. (ht 26 nov. 1970).

Transformar

Informativo do Coletivo Socialista de Pacientes (SPK) da Universidade de Heidelberg, dia 6 jan. 1971, 6900 Heidelberg, Rohrbacherstrasse, n. 12

Saúde? Ai!

Cada um é dono do seu destino

A doença não é um processo no homem isolado, doente está... nossa sociedade. Nela reina o Capital, nela triunfa o interesse pelo lucro, nela as vítimas são impiedosamente espremidas e consumidas em proveito de uma pequena minoria dominante. A maquinaria sanitária é apenas uma continuidade da economia do lucro por outros meios.
O homem explorado precisa se vender, e de fato por um preço muito abaixo do que realiza de fato, até ficar, mais cedo ou mais tarde, completamente esgotado.
Se a economia capitalista finalmente o destruir, ele é enviado ao hospital.
Lá a exploração continua:
Sua doença é explorada para obter ganhos: os honorários dos médicos, os lucros da indústria farmacêutica, a exploração do pessoal de enfermagem.
O doente é remendado, jogado o mais rápido possível na linha de frente, onde permanecerá em meio ao fogo cruzado das taxas de lucro em aumento contínuo.

Vocês já sabiam?

Nesse meio-tempo, muitos ficaram sabendo, por meio de jornais, rádio e televisão, que os próprios pacientes se organizaram no Coletivo Socialista de Pacientes da Universidade de Heidelberg. Nesse período, chegamos a mais de 300 pacientes: donas de casa, secundaristas, aposentados, trabalhadores, estudantes universitários, aprendizes e empregados. Contrariamente às clínicas universitárias, o SPK faz ciência para o homem, isto é, para todos.

Ninguém precisa tirar férias para ser tratado conosco! Grupos terapêuticos e de trabalho também se reúnem à noite. Terapias pessoais são organizadas de acordo com as necessidades.

Dever e ser

Tem-se que ressaltar uma e outra vez que o SPK surgiu na clínica da universidade. Dela vêm também as calúnias mais infames: os obcecados por lucros sem limites estão vendo que sua galinha dos ovos de ouro está ameaçada. O pesadelo deles é a socialização do Sistema de saúde. Eles não querem que o Sistema de saúde seja colocado totalmente a serviço das necessidades dos pacientes. Eles procuram conservar aquilo que já existe com todo tipo de trapaça: todos pagam, eles embolsam.

O mandamento médico "Primum nil nocere" – "Primeiro, não causar danos" – significa para eles, acima de tudo, ganhar. Assim, já é em parte conhecido quantos ficam pelo meio do caminho.

A Ordem da Raça Pura

O prof. dr. Heinz Häfner (amigo do ministro do Interior, Krause) recebe 30 milhões de marcos para construir um centro de psicoterapia em Mannheim. No máximo 250 pacientes receberão tratamento nele. O SPK recebe – sempre com atraso – 3.200 marcos por mês. Häfner: "O SPK é uma séria ameaça ao meu projeto". Seu subordinado, o dr. Kretz, se alia a ele, pois, quando a cátedra de Häfner em Heidelberg ficar vaga, ele também terá uma cátedra.

Em seu "parecer" médico, von Baeyer afirma que ninguém no SPK seria paciente porque está faltando "a taxa de suicídio clinicamente usual".

No entanto, o prof. U. Schnyder é da opinião de que os do SPK são pacientes. A ele se aliam outras pessoas que oferecem aos pacientes a possibilidade de continuar o tratamento na policlínica.

No entanto, pacientes do SPK que foram à policlínica foram recusados, isto é, mandados de volta para o SPK. Resumindo: o medo de perder seus lucros mostra à população o verdadeiro rosto desses obcecados por lucros sem limites.

SEGUIMOS FAZENDO

SPK! Contra a opressão e a exploração

Mais de 2.000 operários e trabalhadores se solidarizaram com o SPK (via abaixo-assinado) em e nas proximidades de Heidelberg; 214 cientistas (psiquiatras, psicoterapeutas, psicólogos etc.) se pronunciaram a favor da continuidade do SPK na Universidade de Heidelberg. Grupos vêm de todos os cantos da República Federal da Alemanha e de Berlim Ocidental para se informar sobre o método de trabalho do SPK. Para eles, os pareceres do prof. dr. dr. Richter, do prof. dr. Brückner e do dr. Spazier não são "pouco científicos", pelo contrário, ciência para o homem. Diariamente chegam novos pacientes, os quais compreenderam que o SPK trabalha em prol do homem, lutando pelas necessidades e interesses de todos.

"As últimas folhas de parreira caíram"

Quem tem interesse em que a universidade permaneça um negócio privado de professores, aspirantes a professor e cúmplices, age contra seus próprios interesses.

Porém, quem é da opinião correta:

- de que a universidade pertence à população que paga por ela,
- de que a universidade deve fornecer o saber a toda a população que mostra as relações tais como são,
- de que a universidade deve dar a cada um a possibilidade de desenvolver suas capacidades ao invés de mutilá-las,

apoiará um primeiro passo nessa direção, isto é, ficará do lado dos esforços vindos do SPK.

NÃO EXISTE UMA TERCEIRA VIA

Os intentos do "nosso" ministro da Cultura, Hahn ("Minha profissão é um prazer"), para liquidar com o SPK mostram que estamos no caminho certo.

Cidadãos que pensam e agem são um perigo para os que estão acima, perigo que é o maior possível quando se age coletivamente.

Amanhã

INDÍCIO CONTRA A PAZ

Lá onde os fuzis permanecem nos arsenais
A paz ainda está muito distante
Os canhões ainda brilham
A não ser que fosse num museu

Lá onde muito se fala de paz
A paz ainda está muito distante
Os oficiais ainda instigam
A não ser que sejam contra a guerra

Lá onde alguém morre em sua cama
A paz ainda está muito distante
Cinquenta morrem além dos sete mares
A maioria de fome

Lá onde alguém morre de fome
A paz ainda está muito distante
Cresce, assim, o ódio contra a paz,
o amigo dos proprietários.

COGESTÃO

diz Fritz Berg (bdi = grande líder das associações dos patrões):
Não. Se assim fosse,
o auxiliar de enfermagem do hospital poderia se pronunciar sobre decisões cirúrgicas –
Helmut Schmidt (spd – depois chanceler da República Federal da Alemanha) diz:
Não. Se assim fosse,
o porteiro da Câmara Municipal poderia se imiscuir em nossa política –
O prof. Gollwitzer (Münster) diz:
Não. Se assim fosse,
a faxineira do Instituto
poderia se imiscuir
nos assuntos ligados à cátedra universitária –
Sim, diz Lênin:
Toda faxineira deve estar em condições de governar o Estado.

> "Nós seremos humanos. Seremos humanos ou o mundo será arrasado durante nossa tentativa de nos tornarmos humanos."
>
> **Eldridge Cleaver**

INFORMAÇÕES

aqueles lá de cima...

Eles são a favor da liberdade
São a favor da justiça
São a favor da paz

São considerados pessoas de bem

Eles são a favor da liberdade e da prisão preventiva
São a favor da justiça e dos juízes nazistas
São a favor da paz e de um exército forte

Ainda assim: são considerados pessoas de bem

Quando vocês compreenderão finalmente que
A liberdade deles não é a liberdade de vocês
A justiça deles não é a justiça de vocês
A paz deles não é a paz de vocês?

Quando vocês descobrirão finalmente as suas intenções?

VII Parte documental

37. Sobre a economia política da identidade suicídio = assassinato

1. Informações dos PACIENTES N. 35 – Novo espelho universitário N. 6 [Neuer Unispiegel]

SUICÍDIO = ASSASSINATO = SUICÍDIO = ASSASSINATO = SUICÍDIO

A pauperização material é progressista no sentido da produção do potencial revolucionário. Como se sabe, Marx recorre a esse momento (fator subjetivo) para o proletariado (industrial). Pelo contrário, a proscrição social caracteriza o "lumpemproletariado" (desempregados, doentes, criminosos = culpados de sua própria situação). De acordo com a ideologia dominante, estes estão igualmente excluídos tanto do processo social quanto do movimento revolucionário. Seu título honorário político varia entre antissocial e anarquista ... "Não é nenhuma vergonha ser pobre" ... "Quem perde seu dinheiro perde muito, quem perde a honra perde tudo" ... e desse estilo há muitos ditados populares (espírito objetivo, veja Hegel).

Através da exploração, o capital produz a pauperização material (momento dialético segundo a *Filosofia do direito*, de Hegel: o capitalismo é pobre demais para eliminar a pobreza que produz).

Através do desenvolvimento pessoal, o capitalismo produz o medo diante, por causa e através da proscrição social (processo histórico em que a consciência já está desde sempre essencialmente programada para evitar a proscrição social). Ambos os fatores, miséria material e proscrição social, são mortíferos, instrumentos de assassinato empregados pela sociedade capitalista para fazer sofrer até que ela mesma seja esmagada entre suas próprias pedras de moinho. A Faculdade de Medicina, Rendtorff e o ministro da Cultura, Hahn, se servem dessas pedras de moinho – como se sabe, com diferentes graus de sucesso – até o assassinato de uma pertencente ao SPK. A exclusão, a destituição e a proibição de entrada na clínica visavam tanto o extermínio físico quanto a discriminação social (campanha de difamação pública).

Desde seu primeiro dia no SPK, a paciente assassinada esteve confrontada, talvez de modo mais imediato do que a maioria dos outros pacientes, a esses dois instrumentos de assassinato. Ela tinha que assegurar materialmente seu desejo espontaneamente manifesto de participar e cooperar no coletivo, pela continuidade da baixa por motivo de doença. Porém, depois de sentir-se carregada com o peso do rótulo de "esquizofrênica", que por si só a levou até ao sentimento de uma inferioridade total, ela também não queria ser considerada ainda como politicamente leprosa. Com razão ela temia que seu pertencimento ao SPK fosse notificado e registrado por meio da baixa por doença e que isso pudesse lhe trazer outros inconvenientes (negativas ao procurar emprego, internação forçada num hospital estadual e manicômio caso tivesse insistido no subsídio-doença ao qual teve direito). Ela relacionava esse temor explicitamente ao fato de que Hahn havia se recusado, até então, a reconhecer a legitimação do SPK como instituição da universidade. Como se sabe, a consequência de evitar a proscrição política foi o crescimento da sua miséria material.

Mesmo a tentativa de assumir o estigma da proscrição social ("esquizofrênica") e de operar com ela – como, por exemplo, na policlínica médica – só podia consolidar ainda mais o fracasso em relação à garantia da base material ("Aos esquizofrênicos não dou licença por doença" – assim disse um médico-assistente da policlínica médica da universidade).

Na segunda tentativa espontânea de conseguir um emprego, a paciente do SPK assassinada foi elogiada por suas habilidades durante um exame de trabalho. Consciente de sua inferioridade social, desesperava-se com as expectativas depositadas nela. A situação material do SPK, cujos responsáveis são Rendtorff e Hahn, não oferece realmente nenhuma chance de sobrevivência, quanto menos a possibilidade de uma "reabilitação" gradual. Nós nos reservamos explicitamente o direito de alterar essa situação!

O extermínio material praticado pelo adversário se expressa à maneira da fórmula através das palavras "estou morta", que se encontram na última carta da paciente do SPK assassinada. A angústia diante da proscrição social, proscrição que vai além da morte: "Não gostaria de ser enterrada com Marx e Lênin". "Não entendi nada" significa: sou honesta o suficiente para reconhecer que não posso fazer nada ativamente contra as armas assassinas da fome e da miséria, só assim meu comportamento é compreensível. Se o ministro da Cultura, Hahn, o reitor Rendtorff e os médicos de secreção-profecal (*Schweinepflichtärzte* em lugar de "*Schweigepflicht*" = "segredo profissional") da Faculdade de Medicina acreditam lavar suas mãos como se fossem inocentes, então trata-se de uma ilusão enorme da sua percepção (cf. cap. II da *Fenomenologia do espírito*, de Hegel).

Assassinato é assassinato. Mas burocratas assassinos não são assassinos correntes, são piores. São saqueadores de cadáver, vampiros sórdidos. Aquele que sentiu isso no próprio corpo (SPK) sabe o que é isso.

Mas os assassinatos cometidos pela quadrilha de burocratas assassinos – Hahn, Rendtorff e os canalhas porcos da medicina – recairão sobre eles segundo o princípio da dialética inerente ao capitalismo.

COLETIVO SOCIALISTA DE PACIENTES
Universidade de Heidelberg
Rohrbacherstrasse, n. 12.
16 de abril de 1971

2. Informações dos PACIENTES N. 37 – Novo espelho universitário N. 8

SOBRE A ECONOMIA POLÍTICA DO ASSASSINATO

"Um crime pode ser excluído" – eis a frase que encontramos na "notícia de um suicídio" do dia 10 abr. 1971 na imprensa de Heidelberg. Assim como a ciência burguesa, o jornal enquanto fábrica de ideologia do capital é obrigado a excluir **o crime**, isto é, **a destruição permanente do homem levada a cabo pelo sistema capitalista de exploração.**

A liberdade de imprensa é a liberdade que os dominadores têm de mascarar contextos.

Depois do nosso primeiro comunicado "Suicídio = Assassinato", muitos leitores desse folheto ficaram com fome de mais detalhes. Nenhum leitor havia pensado que eles obrigariam a imprensa a fazer uma reportagem contextualizada, ou até mesmo que esses leitores se sentiriam impelidos a uma correção ativa da merda assassina abundantemente analisada há décadas. A palavra "assassinato" lhes produz um pouco de má consciência. Eles alimentam essa má consciência com a opinião pseudocrítica que lhes foi inculcada a fim de conseguir continuar dormindo um pouco mais em paz depois. Entender contextos é fácil, aprender a descrevê-los é possível, mas agir e atuar de modo consequente é difícil para aqueles que ainda acreditam ser saudáveis e que ainda teriam algo a perder; de qualquer modo, os explorados não possuem objetivamente nada que não se encontre sob o poder dos dominadores. Muito antes de alguém ter nascido, já se decidiu sobre seus sentimentos, pensamentos e funções corporais. Cada um recebe o corpo que lhe foi imposto pelas relações capitalistas de produção. Portanto, o que o explorado tem a perder se, de qualquer modo e desde o início e de antemão, tudo já lhe foi roubado?

Voltemos aos produtores oficiais de opinião.

Pelo fato de eles próprios estarem submetidos à obrigação de acumulação – eles precisam publicar anúncios e, consequentemente, cantar a música dos anunciadores dos quais comem o pão –, o trabalho sob encomenda desses produtores de opinião só pode ser uma reprodução dos fenômenos e aparições tais como são codificados pela ciência dominante. Dever de informar significa: jogar para o onívoro e engolidor de tudo = leitor de jornal algumas migalhas de fatos pré-fabricados – sexo e idade do "autor do crime", local e hora do crime etc. Como acompanhamento saboroso para suas reportagens, fazem referência à "comuna" e aos remédios-venenos e o leitor imagina a "história" correspondente (que responde a quem?), um produto fiel à ideologia dominante e desprovido do contexto histórico. O dito senso comum "saudável" (sem sentido) é o fiel colaborador do capital (= crime).

O "sui"cídio permanece um conto, isto é, sem efeito, enquanto os efeitos mortíferos das condições de vida forem registrados estereotipicamente e sem consciência do que sucede realmente. A ausência de consciência impede de ver e compreender as concatenações internas das condições dominantes (suicídio = assassinato) e, portanto, todos os efeitos que derivam dessa compreensão. É somente a partir do contexto histórico tornado consciente que esse suicídio = assassinato torna-se significativo, isto é, perigoso para a "estabilidade" da moeda, ele se converte em assassinato, não mais de homens, mas do capital e seus agentes.

O processo capitalista de desgaste e desvalorização havia transformado M. (paciente assassinada) em algo desprovido de valor para a burocracia (esfera de distribuição). Apesar disso, ela se via obrigada a se vender para não morrer de fome, diretamente ou por meio da desonra social. A morte é a continuação consequente do assassinato em massa planejado necessariamente no capitalismo. Antes de M. vir para o SPK, ela se via como alguém "naufragada", como uma "ruína". Nenhuma surpresa! Os comprimidos-veneno, os eletrochoques daninhos para todo o organismo, em geral as formas de tratamento especializado praticadas em massa, haviam afetado e marcado sua consciência de modo algum esquizofrênica, até lhe possibilitar a compreensão total da realidade. Pela recusa permanente da sociedade a lhe fornecer a base material necessária para viver, ela se sentia com razão de braços atados, determinada e abandonada. M. se encontrava numa situação permanente de risco de morte, situação tão presente na vida cotidiana de milhões de pessoas na nossa sociedade que elas não estão em condição de ter uma compreensão adequada da realidade, que dirá de agir e atuar contra ela. Uma outra paciente disse um dia que devia exclusivamente a circunstâncias especiais o fato de ainda estar viva. Mas a burocracia capitalista produz raramente e a contragosto "casos de sorte" como esses. Com M. foi diferente, isto é, mais verdadeiro: a selva burocrática a deixou totalmente desnorteada de medo. Mas isso não conta! A única coisa que conta é que só a última refeição lhe foi paga pelo Estado e a reitoria como seus carrascos.

Apesar da capitulação que lhe foi imposta diante da miséria material, M. pôde dar um respiro passageiro de alívio graças às condições de trabalho só realizadas dentro do SPK. Ela sempre soube e expressou que, desde que havia entrado para o SPK e apesar de todas as dificuldades externas, pela primeira vez tinha o sentimento de estar realmente vivendo e de ser ela mesma nas relações com os outros. Mesmo poucos dias antes do seu assassinato, M. declarou durante um debate que era totalmente a favor do SPK, que representava para ela a única possibilidade de se realizar e ser ativa. De acordo com um relato da sua mãe (após a morte), sabemos que M. escreveu diversas vezes em suas cartas que os tempos de SPK foram os "mais felizes" da sua vida. Só a pressão extrema vinda de fora (bloqueio de fome) podia destruir a nova estabilização da sua identidade política – pois apenas esse tipo de identidade é possível em geral no capitalismo esquizofrenogênico –, identidade política que ela havia anteriormente procurado em vão numa organização de juventude comunista. Ela sentia não apenas o peso do rótulo de "esquizofrênica", mas também teve que aturar durante anos a acusação por parte dos estranhos e médicos da **família** de "ter arruinado sua família" com sua doença. Embora tivesse visto e compreendido claramente as relações desoladoras do mercado de trabalho enquanto mecanismos especificamente capitalistas, ela transferiu os sentimentos de culpa que lhe foram inculcados para os patrões, dos quais esperava punições por estar doente. Ela temia que pudesse ter desvantagens por fazer parte do SPK. Pelo fato de que a legitimação do SPK como instituição da universidade ainda lhe estava privada por meio de decreto do ministro da Cultura em colaboração com a Faculdade de Medicina e a reitoria, resulta para todos e cada um dos pertencentes ao SPK inevitavelmente a total desproteção contra as medidas violentas do Estado e a proscrição social ligada a tais medidas. M. tinha que contar não apenas com a rejeição à procura de emprego, mas encontrava-se também diante de uma alternativa impiedosa: solicitar o dinheiro do subsídio-doença, ao qual tinha direito, por meio do dr. Kretz (!!) (isso foi recomendado pelos médicos e médicos-chefes da policlínica de medicina), e com isso correr o risco de ter que se submeter a um exame médico (internação forçada) e assim ser separada do SPK, ou permanecer no SPK como sua base de sobrevivência pagando o preço da pauperização material. Mesmo a garantia de que uma internação era contraindicada por diversos pareceres certificados por neurologistas e de que, consequentemente, ela podia ser evitada ou anulada pela solidariedade ativa do SPK, não podia impedi-la de entender o absurdo desse procedimento. Objetivamente, todas as danças ao ritmo de caracol – promovidas pela psiquiatria desde seu nascimento à custa e com o dinheiro dos explorados, desde as lenga-lengas (= ciência) psicanalíticas e existencial-analíticas [*daseinsanalytisch*] até as da genética – não conseguem diminuir a taxa de suicídio (suicídio = "autoassassinato") nas clínicas psiquiátricas e manicômios, quanto menos aboli-la. Ao invés disso, o setor "progressista" da psiquiatria distingue-se recentemente através do conhecimento de que a única ajuda possível aos "candidatos a suicídio" consiste em matá-los com toda a sua arte profissional médica, em clínicas especialmente erigidas para isso com o dinheiro da exploração, a que os impele à morte (cf. *Frankfurter Rundschau* do dia 10 fev. 1971: "Nós seríamos obrigados a escolher os carrascos"). No entanto, a virada progressista da psiquiatria, isto é, sua superação tendencial posta em prática no SPK, demonstrou há mais de um ano a possibilidade de abolir a psiquiatria. Para nossa práxis, o assassinato de M. só pode significar uma coisa: combater de modo ainda mais decisivo e bem-sucedido a maquinaria de extermínio e, em particular, seus portadores de funções burocráticas (Faculdade de Medicina, reitoria, Ministério da Cultura). Como se trata aqui de uma questão de vida ou morte, não podemos, não nos é permitido esperar até que, talvez num dia distante, a propriedade privada dos meios de produção seja abolida por si mesma.

Por fazer parte do SPK, desde o início M. estava sujeita a todas as coações e violências contra as quais o SPK lutou desde seu surgimento: sem recursos financeiros – a universidade nos privou até mesmo da dita conta de doações para o SPK; a possibilidade de receber prescrições de remédios, conforme o direito adquirido pelos pacientes através de contribuições obrigatórias, é ativamente impedida pelo diretor da clínica universitária, von Baeyer, e pela reitoria; apenas cinco espaços de trabalho estão disponíveis para 450 pacientes (entre 1 e 3 novos acolhidos diariamente); trabalho constantemente ameaçado por meio da ação judicial de despejo feita pela reitoria contra o SPK; nenhuma possibilidade de atendimento em uma das casas prometidas ao SPK pelo conselho administrativo da universidade. Essas condições produzem um bloqueio permanente de fome do SPK, sendo, além disso, o reflexo do assassinato em massa próprio ao capital. Porém, esse perigo de suicídio é "um risco manejável e aceitável", como disseram a respeito do SPK o prof. Häfner, o policlínico Kretz e o psiquiatra forense Leferenz no senado da universidade no dia 24 nov. 1970. Rendtorff, o conselho administrativo, o senado etc. demonstram permanentemente que aqueles que, devido à sua posição no processo social de produção, podem tomar decisões a favor ou contra as condições mortíferas reproduzem cegamente as contradições imanentes ao capitalismo através de suas ações a-históricas, o que significa que eles são os responsáveis e os culpáveis. O reitor de Heidelberg – ao invés de sublinhar o aspecto científico do projeto do SPK e, com isso, possibilitar o trabalho científico do SPK através da institucionalização dentro da universidade – reage com a covardia habitual e típica dos funcionários públicos diante das instruções de seus superiores (decreto do ministro da Cultura). Ele cede ao conhecido não membro do senado Häfner, especialista em eutanásia social (suicídio = lucro), o palco onde este promovia, então, o aniquilamento do SPK em interesse de seu projeto de 45 milhões. Naquela época eram 250 pacientes. Deve-se perguntar se o risco, qualquer que seja, se tornou menor desde que os responsáveis tiraram totalmente a máscara e o número de pacientes do SPK aumentou para meio milhar?

A abolição dessas condições é possível. Outros já mostraram isso antes de nós. A auto-organização dos pacientes baseada no marxismo corresponde à consequência crítico-radical que nos guia desde Ernesto Che Guevara (asmático e portador de funções médicas contra a selva capitalista).

Enquanto inibição, a doença é uma arma do capital. Depende dos explorados relegar um dia essa e todas as outras armas ao ferro-velho da história. Só para o capitalismo e seus agentes a doença é uma diversão assassina.

COMBATAM OS CRIMINOSOS
E ASSIM VOCÊS NÃO SÓ SE PROTEGEM CONTRA AS PEDRAS NOS RINS,
MAS TAMBÉM CONTRA O ASSASSINATO POLÍTICO!

COLETIVO SOCIALISTA DE PACIENTES
Universidade de Heidelberg
Rohrbacherstrasse, n. 12.
Heidelberg, 30 de abril de 1971

38. Auto-organização dos pacientes e centralismo democrático

1. Necessidades subjetivas

Nós nos encontramos historicamente na fase de transição dos campos de concentração nazistas para os campos de trabalho forçado estilo grande coalizão. A intensificação das contradições do capitalismo tardio – economicamente manifesta no acúmulo de crises econômicas e, no plano da consciência, na perda de uma perspectiva de futuro tanto social quanto existencial – leva os dominantes a uma série de medidas preventivas para lidar com as crises, medidas que são tanto mais eficazes quanto mais passam despercebidas pela opinião pública. Como tais medidas impõem a lei do ópio contra os doidos, o registro central dos assim chamados doentes mentais, os campos de trabalho forçado para pessoas politicamente doidas e, finalmente, a prisão perpétua a prazo para aqueles cuja resistência contra a criminalidade capitalista não se limita a frequentar círculos de debate. Nessas condições, não se pode dizer que as formas existentes de organização da assistência aos doentes (= valorização e exploração da doença) fracassem. Muito pelo contrário, funcionam o melhor possível no sentido das medidas que acabaram de ser mencionadas. Os portadores das funções do sistema de saúde hierarquicamente organizado, organizado sob a forma de caixas da previdência, associações de médicos, conferências de médicos-assistentes e, por fim, em concorrência ideal com a burocracia do Ministério da Cultura enquanto administradora e executora da ciência a mando do capital, tentam mascarar diante da opinião pública a contradição – que os afeta indiretamente e que afeta diretamente os doentes – entre convicção subjetiva e função objetiva através de um palavreado dispendioso sobre a liberdade da ciência e medidas supostamente necessárias para o "bem dos doentes", enraizando, ao mesmo tempo e de modo constantemente renovado, na consciência dos afetados sua dependência (= estar à mercê) em relação à assim chamada ajuda vinda de cima. Corrompidos pelos privilégios materiais ou pela perspectiva de obtê-los, eles idiotizam a opinião pública numa escala de massa. Todos invocam o bem dos doentes, mas agem **objetivamente** em prol do capital e, assim, necessariamente **contra** os doentes e finalmente contra si mesmos, isso de modo não reconhecido, embora não despercebido.

Nessas circunstâncias, somente os próprios **afetados** podem se apropriar do saber necessário e produzir por meio de propaganda uma opinião pública contrária e ativa.

A doença é o reflexo adequado à realidade da contradição fundamental (produção coletiva-apropriação individual): por um lado, produção coletiva da doença, por outro, administração e exploração dos doentes como pessoas isoladas.

2. Obstáculos objetivos
(isto é, por que os doentes têm que tomar a sua causa nas próprias mãos)

No processo capitalista de valorização, o processo de produção e a doença estão condicionando-se dialeticamente, ou seja, **a doença é ao mesmo tempo condição prévia e resultado do processo capitalista de valorização**. A condição prévia do processo capitalista de valorização é a mutilação do trabalhador; sua manutenção implica a reprodução do trabalhador como mutilado social. **O consumo** da força de trabalho no processo de produção, isto é: a sua consumação, se chama, por isso, **produção** da doença. Pois ela acontece "em circunstâncias para as quais o decisivo **não** é a saúde dos **trabalhadores**, mas a facilitação da produção do **produto**" (Marx, *O capital*, III, cap. 5). Em todas as medidas tomadas pelos dominantes para mascarar esse fato, "trata-se de provar que matar não é um assassinato quando acontece em nome do lucro" (Marx, ibid.). A doença é o eixo central do gerenciamento *de* **crise** no capitalismo tardio.(19) Isso é o resultado das seguintes condições: os ditos encargos sociais, que chegam a 35% do salário líquido pago, vão para o Estado. Essas verbas ficam à disposição contínua do Estado enquanto capital geral para fins de controle da conjuntura como prevenção e gerenciamento de crise. Com isso, essas verbas são retiradas do poder de disposição daqueles que as produziram através do trabalho. Apenas uma parcela irrisória é empregada na maquinaria de saúde para a reparação da força de trabalho defeituosa. Em segundo lugar, a função de estabilizador de conjuntura consiste na conservação e manutenção da capacidade de consumo das máquinas de trabalho defeituosas (= doentes), das máquinas de trabalho fora de serviço (= desempregados) e das máquinas de trabalho desgastadas (= aposentados). A doença é particularmente utilizada e explorada para servir aos interesses do capital sob a forma de **reestruturação** quantitativa e qualitativa *do* **desemprego**: ao invés de demissões em massa, a expulsão gradativa e aparentemente desconexa dos trabalhadores do processo de produção. Isso acontece por vias administrativas sob a forma de licenças médicas por doença e internações em estabelecimentos de custódia por agentes do aparelho sanitário.

Subjetivamente a doença é vivenciada como devida ao destino ou até mesmo como fracasso por culpa própria. Contrariamente ao desempregado, é mais difícil para o doente reconhecer a relação intrínseca entre miséria individual e processo capitalista de valorização. Essa dificuldade, esse contexto de mascaramento objetivo e subjetivo também favorecem a tendência de organizações políticas de esquerda a permanecerem presas a princípios abstratos. O operariado encontra-se sob pressão considerável por causa do seu sofrimento subjetivo (pauperização em massa). Porém, o "bem-estar" objetivo não está ligado a nenhuma consciência da responsabilidade, que dirá a uma compreensão do vínculo entre esse "bem-estar" e à acumulação de sofrimento no Terceiro Mundo e dos doentes (imperialismo voltado para dentro). Por falta da compreensão da congruência das próprias necessidades com as necessidades do operariado industrial, a esquerda centralista-democrática recorre a um proletário abstrato, em vez de penetrar nas condições concretas de vida de cada um que é afetado pela miséria mental e material.

3. Sobre a ausência de direitos dos doentes

Apesar dos encargos sociais que lhe são extorquidos, o doente não tem **nenhum direito** a um tratamento da sua doença. Pelo contrário, o aparelho sanitário institucionalizado detém o direito ao tratamento. Tanto de acordo com sua estrutura quanto de sua função, esse aparelho está orientado pelo princípio de maximização do lucro, que também determina os critérios que definem se e como um tratamento acontece. Nesse contexto em que o doente é colocado, a supressão de seus direitos humanos e fundamentais é a condição prévia e o resultado de seu tratamento e manipulação. O sistema de saúde enraizado legalmente se serve aqui da "administração de justiça" igualmente enraizada legalmente e vice-versa. A modernização atualmente tencionada da jurisprudência penal condena, através de um registro central, os doentes – que, de uma maneira ou de outra, trazem *dentro* de si a prisão (sob a forma de inibição) – ao gueto perpétuo de antissocialidade. A lei universitária da região de Baden-Württemberg, por exemplo, exclui do ensino superior pessoas que são consideradas como doentes por qualquer pessoa. Isso significa literalmente: "A matrícula pode ser recusada se o candidato sofrer de uma doença que coloque seriamente em perigo a **saúde** de outros estudantes ou ameace prejudicar o **funcionamento regular dos cursos**, ou se o estado de saúde do candidato excluir um **curso regular**; para fins de comprovação do estado de saúde *pode* ser exigida a apresentação de um atestado médico do delegado de saúde" (Lei Universitária HSchG § 43,2). Pelas mesmas razões pode ocorrer o cancelamento da matrícula.

A privação de direitos dos pacientes está fundada em seu isolamento. A única saída possível do papel de objeto imposto aos pacientes isolados é sua união, sua auto-organização. No entanto, isso não é previsto pelo sistema dominante. A auto-organização dos pacientes tem, por consequência, a função de criar novos direitos e pode, no máximo, recorrer aos direitos fundamentais. Direitos fundamentais que estão, por sua vez, restringidos por leis que – como se diz – "regulamentam os pormenores de aplicação". Enquanto isso não impede suficientemente o uso progressista dos direitos fundamentais, o poder do Estado se vê obrigado a privar de seus direitos fundamentais os pacientes que, na nova qualidade da auto-organização, tornam-se ativos, isto é, o Estado empreende tentativas de destruir essa organização. A consequência para os assim explorados e privados de direitos tem que ser, portanto, a transformação radical das bases materiais dessa violência do Estado.

4. Sobre a implicação política da auto-organização

Os fundamentos mais importantes da auto-organização dos pacientes são os seguintes: **por não ter direitos**, os pacientes são a classe explorada por excelência. Como por toda parte, o ordenamento jurídico "liberal-democrata" só permite àquele que detém o capital a utilização de tal ordenamento jurídico. Além disso, em primeiro lugar, o doente não **tem** absolutamente nenhum direito. Meramente no campo da psiquiatria, essa qualidade como classe explorada abarca 10 milhões de doentes manifestos na República Federal da Alemanha. No entanto, a quantidade total de afetados pela doença é muito maior. Um critério relativo para o poder da **força produtiva doença** nos fornece o fato de que o orçamento do seguro de doença e da seguridade social corresponde ao montante do orçamento federal.

Da relação com a produção resulta o outro fundamento essencial da auto-organização dos pacientes: como exposto anteriormente, o sistema econômico capitalista extrai da doença, sob a forma de encargos sociais, a **capacidade ilimitada de amortecer as crises econômicas que lhe são imanentes**. Ou seja, sob a determinação essencial da doença, e de fato unicamente sob essa determinação, o proletariado é, no sistema capitalista tardio altamente avançado, uma categoria subjetiva e objetivamente revolucionária de acordo com a determinação que lhe é atribuída por Marx no *Manifesto comunista*. **Subjetivamente**, devido à **possibilidade** de entender e manejar a doença como protesto, **objetivamente** porque a mais-valia só pode ser produzida pela exploração da força de trabalho humana. No entanto, isso leva à pauperização crescente das massas e à intensificação da doença.

Pauperização das massas e intensificação da doença constituem a barreira interna do capitalismo. "A produção capitalista, sem levar em conta a proliferação da concorrência – queda tendencial da taxa de lucro –, economiza extremamente o trabalho realizado e reificado nas mercadorias. Por outro lado, muito mais do que qualquer outro modo de produção, ela é uma máquina de desperdiçar seres humanos e trabalho vivo; máquina de desperdiçar não só carne e sangue, mas também nervos e cérebros. Na verdade, é somente através do desperdício mais monstruoso do desenvolvimento individual que o desenvolvimento da humanidade em geral é garantido e realizado na época da história que precede imediatamente a **reconstituição consciente** da sociedade humana" (Marx, *O capital*, III, cap. 5).

Com isso, Marx dá à doença uma **determinação essencial como barreira interna do capitalismo**, abstraindo explicitamente da queda tendencial da taxa de lucro que é compensada, de qualquer forma, pelo aumento do nível de exploração da força de trabalho – intensificação da doença. A doença enquanto **barreira externa do capitalismo** se caracteriza por um número crescente de doentes, que ficam totalmente de fora do processo de produção capitalista (as ditas psicoses incuráveis, aumento de prejudicados por drogas e remédios).

Através da **determinação essencial da doença**, a saber, como **amortecedor n. 1 de crises da economia capitalista** que estabiliza inevitavelmente esse sistema, a doença também tem sem dúvida alguma um momento objetivamente contrarrevolucionário. Esse contexto de exploração não pode ser rompido no setor da indústria e da administração. Ali predomina o fator da determinação contrarrevolucionária da doença enquanto amortecedor de crises. O momento progressivo de **ausência de direitos dos doentes** é mascarado por sindicatos, tribunais sociais aparentemente favoráveis ao trabalhador etc. Da determinação dessa violência caracterizada como **dupla exploração** deriva também a forma de organização dos pacientes como sujeito revolucionário. A **dupla exploração** deve ser caracterizada do seguinte modo: o doente é um produto do processo de produção gerador de mais-valia; a mais-valia é dividida em lucro e capacidade de amortecer crises. Enquanto paciente, o doente é funcionalizado e coisificado pelo sistema sanitário como meio de produção e amortecedor de crises.

5. Dialética do centralismo e do descentralismo = expansionismo multifocal (EMF)

Antes de entrarmos na forma de organização da auto-organização dos pacientes e suas perspectivas, algumas anotações fundamentais sobre o centralismo democrático. As decisões da maioria são o elemento **democrático** do centralismo democrático, isto é, todas as qualidades estão fundadas na categoria de quantidade, exatamente como no processo capitalista de valorização, no qual toda qualidade se reduz à quantidade de tempo de trabalho. O elemento **centralista** aparece sob a forma de organização piramidal com competências escalonadas, ou seja, uma **hierarquia**. As atividades de cada um são organizadas antes mesmo de surgirem e poderem tornar-se efetivas; trata-se novamente de um sistema rígido, de acordo com o processo capitalista de valorização produtor das exigências pelas quais devem orientar-se as atividades de cada um (o homem existe para a economia, não o contrário), em vez de organizar as atividades conforme as exigências respectivas e orientar-se pela causa, isto é, transformar a organização com ela para existir somente enquanto o trabalho o exige em uma determinada causa. A dialética do sujeito-objeto (na polaridade líder-vulgo), determinismo-espontaneidade (espontaneidade enquanto momento constitutivo da organização; pensemos também na força produtiva revolucionária do dito "instinto revolucionário" de Lukács), ser produzido-produzir (materializada como a oposição passividade-atividade) – essas oposições dialéticas não são desenvolvidas no centralismo democrático; tampouco a dialética das necessidades e da produção.

Do trabalho com as necessidades em cada um e em pequenos grupos que se controlam coletivamente de modo recíproco deriva o princípio do EMF como característica da organização. A unidade entre necessidades e luta política tem que ser desenvolvida em todos como **identidade política** das consciências. Numa organização descentralizada, **cada** produtividade, **cada** iniciativa de cada um, encontram imediatamente a expressão organizativa necessária através do trabalho coletivo contínuo dessa mesma produtividade. Cada um pode e deve se expressar e determina, assim, o trabalho, e ninguém pode se eximir das consequências desse trabalho porque ele é desenvolvido a partir das necessidades de todos e cada um. A forma de organização multifocal-expansionista torna impossível a destruição de tal organização pelos inimigos de classe. Para coordenar as atividades desenvolvidas desse modo, o centralismo enquanto momento necessário toma forma de uma memória coletiva. Essa memória é utilizada por cada um para seus próprios fins e não utiliza da sua parte as massas. Numa organização determinada desse modo, o centralismo é, portanto, superado e abolido dialeticamente.

6. História e perspectivas da auto-organização dos pacientes

Essa superação dialética do centralismo também se reflete na história do SPK. História que se divide em diversas fases.

A **primeira fase** consistiu na preparação da auto-organização dos pacientes sob as condições dadas no centralismo capitalista-hierárquico. Somente no plano da medicina universitária a contradição caracterizada acima como **dupla exploração** pôde ser claramente analisada e evidenciada. "Para os operários é praticamente impossível insistir naquilo que é **teoricamente** seu primeiro **direito à saúde**: o direito de que, qualquer que seja o trabalho para cuja realização seu empregador os reúna, esse trabalho comum deve ser liberado, à custa do empregador e à medida que depende deste, de todas as circunstâncias desnecessárias prejudiciais à saúde; e de que, enquanto **os próprios operários não estão efetivamente em condições** de conquistar para si essa justiça sanitária, tampouco podem esperar, apesar da presumida intenção do legislador, nenhum auxílio efetivo dos **funcionários públicos** que devem executar as "leis de abolição dos males públicos" (*O capital*, III, MEW 25, p. 106, citação). A revelação da contradição da dupla exploração se realizou, portanto, na confrontação entre o trabalhador **enquanto paciente** e os "**funcionários públicos**": apesar da exploração e dos encargos sociais, os pacientes não têm nenhum direito ao tratamento médico. Independentemente do fato de tal tratamento ser concedido ou negado, a consequência é o aperfeiçoamento contínuo da exploração. Somente o expoente da universidade (por exemplo, o médico-assistente enquanto funcionário público interino encarregado da "abolição dos males públicos") que está defronte do doente pode e **deve**, com base nos privilégios universitários específicos que estão à sua disposição, transmitir massivamente tais privilégios aos pacientes. Com isso, ele reúne massa e universidade e evidencia, assim, a contradição entre a **pretensão** da universidade enquanto instituição voltada para a realização do direito fundamental à liberdade da ciência e sua **função** enquanto fábrica fornecedora para a exploração, fábrica de valorização e instância de legitimação do capital. Com isso, o funcionário médico torna as diferenças de classe transparentes, por exemplo ao elaborar coletivamente com os pacientes a ciência necessária, abolindo assim o poder de disposição sobre a doença que é assegurado pela ciência dos dominantes orientada pelo capital.

Através de um engajamento total nos assuntos básicos, o funcionário médico tem que estimular uma situação que, da perspectiva do doente, corresponda à superação de seu papel de objeto condicionado pelo sistema. Desse modo, o doente que se tiver conscientizado assim se oporá às relações de exploração. Porém, enquanto a organização, a administração e a custódia da doença funcionarem de modo capitalista-centralista, a crise só pode concretizar-se sob a forma de uma não violência aparentemente sem rumo. Casos exemplares disso são, numa grande escala, o sistema amortecedor de crises, numa escala menor, a greve de fome que é percebida de tal modo por nossos adversários. O resultado tranquilo dessa não violência aparentemente sem rumo é o compromisso, cujo desdobramento e realização numa **segunda fase** levou a uma nova polarização. Essa polarização não ocorria mais no plano da medicina universitária, mas se apresentava como confrontação entre **ciência** – representada diretamente pelos pacientes – e **poder** – representado diretamente pela universidade. Na **terceira fase** ocorre a descentralização **para dentro** através da socialização das funções terapêuticas sob a forma de autocontrole mútuo mediante as agitações pessoais e em grupo; a descentralização **para fora** ocorre através da fundação espontânea de outros coletivos de pacientes estimulada pelo trabalho do SPK. A descentralização é sustentada pela auto-objetivação constante realizada principalmente nos grupos de trabalho. No processo de descentralização e de auto-objetivação emerge a identidade política[72] como conceito da identidade entre necessidades e luta política.

A concretização da depravação jurídico-material dos pacientes ocorre na **quarta fase** sob a forma de ataques da reação por meio da maquinaria da justiça (sentença de despejo – proibição do trabalho científico através da privação dos meios de produção institucionais e imediatamente materiais).

O resultado desse desenvolvimento apresentado em quatro fases é, na **quinta fase**, a liberação da violência, ligada ao centralismo capitalista-hierárquico sob a forma da doença administrada, liberação e eclosão de violência que aparecem sob a forma de uma divisão total dos poderes: por meio do seu aparelho de Estado, o capital age como assassino em massa perfeito de seus produtos mais vulneráveis, que ao mesmo tempo refletem essa violência capitalista do modo mais adequado. No processo de destruição de pacientes – o capital e o aparelho de Estado estão se confrontando diretamente com a doença como seu produto mais essencial (que representa sua totalidade) –, portanto, estão se confrontando consigo mesmos.

Na **sexta fase**, a auto-organização se divide em um momento militante e em um setor propagandista.[73] O momento militante tem como objetivo a **autodefesa** efetiva contra a reação sob a forma do capitalismo e do aparelho de Estado neofascista, o setor propagandista tem como objetivo o **ataque produtivo** à esquerda revisionista da República Federal da Alemanha, em particular para a socialização das experiências do SPK em matéria de organização e agitação.

Enquanto na **sexta fase** o momento propagandista, o partido, isto é, a unidade entre memória coletiva e coordenação em relação com a expansão das bases de massa, tem um significado progressivo, na **fase** perspectivista **sete**, o desenvolvimento prático dos antagonismos de classe na guerra popular, ele (o "partido") tem somente a tarefa de confrontar-se com a reação, devido à relação ao passado imanente à essência do setor propagandista. Sua forma antecipada e ao mesmo tempo sua realização suprema é a identidade política alcançada no processo de descentralização, expansão e auto-objetivação. Somente a violência pelos adversários força a polarização funcional nos momentos militante e propagandista.

COLETIVO SOCIALISTA DE PACIENTES
Universidade de Heidelberg
Rohrbacherstrasse, n. 12
Heidelberg, 12 de junho de 1971.

VIII Duas comparações

39. Comparação I

Documentos do processo de Nuremberg contra os médicos 25/10/1946 – 20/08/1947:	Documentação sobre o procedimento dos órgãos da universidade para a liquidação do SPK:
"A revelação de todo o horror à opinião pública do mundo inteiro, que teve de ver nele os testemunhos mais agravantes contra a profissão médica, foi dura demais. Sem grandes esperanças de ainda poder contribuir, com nossa publicação, para a melhora do estado de coisas, nós finalmente a apresentamos sob encomenda. 10.000 exemplares foram enviados ao grêmio da Ordem dos Médicos da Alemanha Ocidental para serem distribuídos ao corpo médico. Isso não teve nenhum efeito. O livro não ficou conhecido em quase nenhum lugar, nenhuma resenha, nenhuma carta de leitor; dentre as pessoas que encontramos nos últimos dez anos, ninguém conhecia o livro. Soubemos apenas	A revelação de todas as medidas explicitamente violentas à opinião pública universitária, que teve de ver nelas os testemunhos mais agravantes contra uma instituição e seus principais portadores, foi direta demais. Sem grandes esperanças de ainda poder contribuir para evitar o extermínio do SPK com a nossa "Documentação sobre o procedimento dos órgãos da universidade para liquidar o SPK", nós finalmente a apresentamos no dia 17/03/1971. 500 exemplares foram enviados aos estudantes interessados, que os compravam no refeitório universitário e no SPK. Isso não teve nenhum efeito...[74]

Documentos do processo de Nuremberg contra os médicos 25/10/1946 – 20/08/1947:	**Documentação sobre o procedimento dos órgãos da universidade para a liquidação do SPK:**
de uma instituição que o recebeu: a Associação Médica Mundial, que, baseando-se essencialmente em nossa documentação, viu nela uma prova de que o corpo médico alemão havia se distanciado dos acontecimentos da ditadura criminosa, aceitando-o novamente como membro." A. Mitscherlich, 1960, Prefácio a *Medizin ohne Menschlichkeit. Dokumente des Nuernberger Aerzteprozesses*, editado e comentado por Alexander Mitscherlich e Fred Mielke.	
"Eu ainda notava com relutância que, se esse procedimento (experimentos com criminosos condenados à morte) fizer escola, poderíamos entregar todo o ensino nas mãos dos carrascos e abrir uma escola de carrascos no Instituto." Prof. dr. méd. Gerhard Rose, Protocolo p. 6231 e ss., 1946/47.	"No entanto, a Ordem Regional dos Médicos de Baden do Norte viu-se incapaz de reagir com tanques de guerra contra um grupo de doentes mentais armados, lá onde a tolerância (das autoridades) havia permitido que um grupo de combate revolucionário extremamente decidido surgisse de um grupo de excêntricos." Monika Fuchs no órgão oficial da Ordem dos Médicos da região de Baden-Württemberg, set. 1971.
"Tendo em vista a necessidade do registro dos doentes mentais de acordo com o modelo da economia planificada, solicito-lhes que preencham sem demora e enviem-me de volta o formulário anexo conforme as instruções que o acompanham." Dr. méd. Conti, documento n. 825, 24/10/1939.	"Devido à solicitação dos decanos da Faculdade de Medicina Clínica II da Universidade de Heidelberg do dia 31 de agosto de 1970, entrego a seguinte peritagem sobre o Coletivo Socialista de Pacientes. Respondo às perguntas que me foram feitas como se segue ..." Prof. dr. méd. H. Thomä, 09/09/1970, Documentação do SPK I, p. 36.
"Como se sabe pelas duas cartas (25/11/1940 e 29/11/1940), o perito precisou de no máximo 3 dias para tramitar 300 casos." Comentário de Mielke e Mitscherlich, 1949.	"Como se sabe pela data da 'solicitação' (31/08/1970) e da 'peritagem' (09/09/1970), o perito precisou de no máximo 8 dias para tramitar 151 casos" (número de pacientes no SPK em 20/7/1970).

Documentos do processo de Nuremberg contra os médicos 25/10/1946 – 20/08/1947:	Documentação sobre o procedimento dos órgãos da universidade para a liquidação do SPK:
"Os senhores juristas nos disseram que essa tarefa era uma questão legal, que se tratava de uma lei de Hitler, ou de um decreto com força legal, com força jurídica, e nos haviam dito que não seríamos de modo algum sujeitos a procedimento penal, pelo contrário, que uma sabotagem dessa ordem do *Führer* seria punível." Médico-chefe dr. méd. Walter Schmidt, Protocolo p. 1858, 1946/47.	"Depois do decreto do ministro da Cultura (Hahn) do dia 18/09/1970, não se deve de modo algum contar, no caso do SPK, com uma aprovação (para que o SPK continue existindo como instituição da universidade). A Faculdade de Medicina Clínica II recomenda urgentemente a renúncia da incorporação do SPK na universidade." Prof. dr. méd. U. Schnyder e dr. méd. H. Kretz, sessão do Senado, 24/11/1970.
"Para garantir que a ação permanecesse em segredo, recorreram somente aos peritos e diretores dos sanatórios, que eram comprovadamente nacional-socialistas e líderes da SS." Constatação de Mielke e Mitscherlich, 1949.	"A justificativa mostrará a continuação que, dos 6 pareceres (Richter, Brückner, Spazier, dr. méd. Thomä, dr. méd. von Baeyer, dr. méd. Bochnik), somente 3 pareceres (Thomä, von Baeyer e Bochnik) satisfazem as condições para a formação de um juízo especializado. Os 3 pareceres exigidos pela Faculdade de Medicina Clínica II pronunciam sua concordância unânime contra a institucionalização do SPK como organismo da universidade." Dr. méd. U. Schnyder, dr. méd. H. Kretz, sessão secreta do Senado no dia 24/11/1970.
"Um senhor chamado Blankenburg nos explicou que o *Führer* havia elaborado uma lei para a eutanásia. Para os presentes a essa reunião era absolutamente voluntário assegurar sua colaboração. Nenhum deles pôs objeções a esse programa." Declaração juramentada de uma enfermeira, P. Kneisler, Doc. n. 863, 1946/47.	"O risco de suicídio dos membros do SPK seria de fato maior, porém, seria manejável e calculável. Por isso os membros do Senado que tomaram a decisão não teriam nenhuma responsabilidade médica ou moral particular. De qualquer modo, esta é atribuída ao médico responsável pelo tratamento." Dr. méd. Häfner e dr. méd. Kretz na sessão secreta do Senado no dia 24/11/1970 – citada segundo o protocolo de um participante do dia 28/12/1970.

Documentos do processo de Nuremberg contra os médicos 25/10/1946 – 20/08/1947:	Documentação sobre o procedimento dos órgãos da universidade para a liquidação do SPK:
"Além disso, o assassino declarou que uma retirada súbita de alimentos não seria aplicada, mas uma diminuição gradual das porções." Declaração juramentada voluntária de Ludwig Lehner diante da questão: nas mãos de que pessoas está de fato a decisão sobre a vida e a morte dos pacientes, Doc. n. 863, 1946/47.	"Conforme a opinião do Senado, o SPK não pode se tornar uma instituição dentro e junto à universidade. A decisão foi tomada unanimemente menos um voto e uma abstenção. Segundo a decisão, deve o chanceler executar a decisão por vias administrativas e recorrendo aos meios estatais." Resolução oficial da sessão secreta do Senado no dia 24/11/1970 e instrução do decano da Faculdade de Direito, dr. jur. Leferenz.
"Cada um dos médicos era responsável por aquilo que tinha que fazer dentro dessas medidas que conduziam à eutanásia, ao fim." Prof. dr. méd. Karl Brandt, Protocolo p. 2436 e ss., 1946/47.	"Por isso os membros do Senado que tomaram a decisão não têm nenhuma responsabilidade médica ou moral particular. De qualquer modo, esta é atribuída ao médico responsável pelo tratamento." Dr. méd. Häfner e dr. méd. Kretz na sessão secreta do Senado no dia 24/11/1970.
"Nesse momento, encontro-me na situação que corresponde à de um jurista que, por exemplo, é por princípio inimigo das execuções e da pena de morte. Nas ocasiões em que ele pode tratar da questão com pessoas do governo e em congressos públicos de juristas, ele utiliza todo o seu poder para impor sua opinião. Se ele não consegue isso, permanece na sua profissão e no seu ambiente e pode até mesmo ser forçado, talvez, a pronunciar uma pena de morte, embora seja por princípio contrário a essa medida." Prof. dr. méd. G. Rose em sua justificação diante do I Tribunal Militar Americano, 1947, Protocolo p. 6568.	"Tenho que constatar resumidamente que fracassei em meus esforços nessa questão (significa o SPK). As resistências vindas de todos os lados contra uma solução, tal como eu a teria considerado justificável e realizável, eram grandes demais." Prof. dr. R. Rendtorff em seu relatório junto ao Grande Senado no dia 08/02/1971.

Documentos do processo de Nuremberg contra os médicos 25/10/1946 – 20/08/1947:	Documentação sobre o procedimento dos órgãos da universidade para a liquidação do SPK:
Prof. dr. méd. Gerhard Rose, declarado culpado de crime contra a humanidade e condenado à prisão perpétua (1947).	**Prof. dr. méd. Hans Thomä**, diretor da seção de psicoterapia da Universidade de Ulm (1972).
Prof. dr. méd. Karl Brandt, declarado culpado de crime contra a humanidade e de ser membro de uma organização declarada criminosa pelo julgamento do Tribunal Militar Internacional; pena de morte na forca (1947).	**Prof. dr. méd. Walter Ritter von Baeyer**, diretor da clínica psiquiátrica da Universidade de Heidelberg (1972), condecorado desde 1970 com a Cruz Federal de Mérito. **Prof. dr. méd. H. J. Bochnik**, diretor da clínica psiquiátrica e neurológica da Universidade de Frankfurt (1972). **Prof. dr. méd. Urs Schnyder**, diretor da clínica de dermatologia da Universidade de Heidelberg (1972). **Dr. méd. Helmut Kretz**. Diretor da policlínica psiquiátrica da Universidade de Heidelberg (1972). **Prof. dr. méd. Heinz Häfner**, diretor da clínica universitária de psiquiatria social em Heidelberg-Mannheim (1972). **Dr. méd. Oesterreich**, médico-chefe na clínica psiquiátrica da Universidade de Heidelberg (1972). **Prof. dr. jur. Leferenz**, professor titular de direito e criminologia da Universidade de Heidelberg (1972). **Prof. dr. Rolf Rendtorff**, reeleito reitor da Universidade de Heidelberg (1972).
Adolf Hitler, *Führer* e chanceler do Reich; desaparecido (1945).	**Prof. dr. Wilhelm Hahn**, ministro da Cultura de Baden-Württemberg – CDU (União Democrática Cristã) (1972).

40. Comparação II

Durante quatro anos (até agosto de 1971), o psicólogo Lawrence A. Newberry pesquisou os "métodos de doutrinamento e técnicas psicológicas" do vietcongue por ordem do Pentágono. Newberry trabalhava como diretor de uma equipe da Rand Corporation, uma organização criada pela iniciativa da US Air Force para realizar "pesquisas de base" para o desenvolvimento de estratégias de repressão contra impulsos e movimentos de libertação. Além disso, ele é psicólogo, logo seu método de pesquisa, que condiciona seus resultados, está orientado pela relação sujeito-objeto, a qual determina tanto a relação psicólogo-cliente quanto a relação pesquisador-objeto de pesquisa. Daí que a linguagem de seu relatório é inadequada ao objeto de pesquisa; ela apresenta, antes, o modo de expressão do psicólogo treinado para fazer lavagem cerebral ("doutrinamento"), o qual é absolutamente incapaz de entender a linguagem e a práxis do vietcongue em sua essência, compreendendo-as meramente como "método psicológico e sociológico mais moderno" de doutrinamento (lavagem cerebral, terrorismo psicológico), só podendo denunciá-las – implicitamente e tentando assegurar a si mesmo.

Se, a seguir, confrontamos as declarações do SPK com passagens do relatório-Newberry, trata-se acima de tudo, para nós, de fazer com que a diferença entre um relatório-denúncia e uma descrição autêntica fique clara.

Como a estrutura autêntica da forma de organização do vietcongue ainda é reconhecível apesar das distorções de Newberry – ao menos para o leitor marxista –, uma analogia entre as estruturas de organização se torna visível devido à aplicação do método dialético, analogia que não deve ser considerada como comparação mecânica. Pois aquilo que o vietcongue é **para** o movimento de esquerda da República Federal da Alemanha, e aquilo que o trabalho do SPK é dentro desse movimento de esquerda **para** a luta do povo vietnamita, não pode ser respondido teoricamente, mas deve manifestar-se na prática. O esmagamento do SPK na República Federal da Alemanha através da violência armada mostra que os agentes do capital procederão contra os movimentos revolucionários daqui com os mesmos meios que os utilizados no Vietnã pelo governo dos EUA determinados pelos interesses de lucro da grande indústria. Isso significa que, na confrontação com os adversários mutilados pelo sistema (doentes), os agentes e cúmplices do capital nos países industrializados da Europa Ocidental não admitem de modo algum os meios de discussão argumentativa e científica pretensamente adequados a uma democracia. Enquanto os "adversários" daqui da campanha de extermínio dos EUA no Sudeste Asiático se atêm às regras "democráticas" do jogo, limitando suas atividades a manifestações pacíficas, a campanhas liberais de informação e a ações de ajuda caritativa para a população vietnamita, os colaboradores dos criminosos de guerra norte-americanos nos Estados capitalistas da Europa Ocidental não se atêm de modo algum a tais regras do jogo.

Deve-se perguntar quanto tempo a "esquerda" daqui ainda pensa continuar fazendo protestos e manifestações sem levar em consideração suas próprias necessidades e as necessidades vitais da população da Alemanha ocidental?!

Vietcongue segundo Newberry	SPK
O vietcongue desenvolveu uma linguagem totalmente nova de conceitos políticos e militares. Seus verdadeiros significados devem ser discutidos e aprendidos sempre de novo nas células e grupos até que todo soldado os domine perfeitamente, constituindo um componente inconsciente da sua linguagem cotidiana.	Os pacientes do SPK desenvolveram – com respeito ao tratamento dos doentes – uma linguagem totalmente nova de conceitos econômico-políticos. Seus verdadeiros significados e relações são desenvolvidos e compreendidos sempre de novo nas agitações pessoais, em grupo e nos grupos de trabalho, para que todo paciente aprenda a lidar com eles e aplicá-los em todas as situações.
Toda unidade do vietcongue possui um quadro político cuja missão é doutrinar continuamente os soldados, para garantir que sua posição e sua atitude ideológicas não vacilem, que sua moral permaneça constantemente em alto nível, que seu vínculo com o povo não seja perturbado, e para que tenham um grande "espírito de luta" no momento certo.	Na práxis de agitação do SPK, em particular nos grupos de trabalho científico, os pacientes produzem continuamente sua identidade política baseada na cooperação e na solidariedade através do trabalho político continuamente orientado pelas necessidades, isso a fim de consolidar a identidade entre necessidades e trabalho político.
O quadro é a mãe protetora dos guerrilheiros. Ele dissolve as tensões interpessoais, faz a mediação quando há diferenças de opinião e dá conselhos em	Sua identidade política é o elemento vital dos pacientes. Enquanto emancipação coletiva, ela é a superação dialética dos conflitos de concorrência e autoridade.

Vietcongue segundo Newberry	SPK
problemas pessoais. Ele deve cuidar de seus protegidos como pais que cuidam de seus filhos. Porém, nesse caso as "crianças" são adultos combatentes.	Poder-se-ia dizer: para os pacientes do SPK, sua identidade política é o elemento vital tal como o ventre da mãe para o embrião; apenas com a diferença essencial de que os pacientes produziram e continuam produzindo constantemente de novo seu próprio elemento vital.
Durante sua formação, os recrutas aprendem que a força política do movimento é a maior força do vietcongue. Eles sempre são instados a pensar na importância da luta política em todas as suas ações.	No processo de agitação, todo paciente compreende que o desenvolvimento dialético da realidade é a arma política conceitual e prática mais forte para transformar as condições e relações sociais (identidade política).
A formação política é utilizada para muitos fins: para mobilizar o espírito de luta das tropas, para libertá-las do medo diante do poder destrutivo das armas modernas, para estimular os soldados a suportar todos os sofrimentos a serviço da revolução, para fortalecer a moral da tropa. É o que o vietcongue quer dizer quando afirma que o processo de politização é tudo.	A agitação do SPK é necessária para nos libertar enquanto pacientes do medo paralisante diante dos métodos "modernos" de tratamento da medicina estabelecida (eletrochoques, farmacoterapia, terror psicológico, retirada da liberdade, trabalho forçado etc.), para mobilizar o momento progressista da doença, o protesto, e para transformá-la em resistência.
Porém, se a coerção tiver de ser usada, independentemente da sua finalidade, sua necessidade será esclarecida às pessoas com argumentos convincentes. O povo aprende um novo vocabulário, o vocabulário da revolução, de modo que mesmo o cidadão com o menor grau de desenvolvimento possui finalmente as ferramentas intelectuais para transmitir sua nova ideologia política, mas também para defendê-la.	A coerção e a pressão externas constantemente crescentes e a escalada permanente da ameaça vinda de fora, às quais o SPK estava exposto durante sua existência, ficaram claras para todos os pacientes como identidade entre doença e capital. Nos grupos de trabalho científico do SPK, cada um dos pacientes podia aprender o método necessário para a agitação recíproca. Aqui a diferença "natural" de nível de educação entre trabalhadores e estudantes foi progressivamente superada nas qualidades cooperação e solidariedade.
O objetivo final desse processo sistemático é que o povo adote novas normas socialistas, de modo que a nova ordem social crie raízes, traga frutos por si só – com, mas também sem, quadros políticos.	A consequência do trabalho do SPK é, no sentido do expansionismo multifocal (princípio da Universidade do Povo), a propagação dos conhecimentos elaborados pelos pacientes e da sua práxis política orientada

Vietcongue segundo Newberry	SPK
	pelas necessidades. O objetivo não pode ser coletivos, mas somente **o** coletivo que abrange todos os seres humanos.
Fomos ensinados a abrir os olhos do povo sul-vietnamita para a realidade: sob a pressão do regime totalitário, a maioria dos vietnamitas vive na pobreza e na miséria. Os americanos chegaram para substituir os imperialistas franceses. Se eles não tivessem vindo para cá, não haveria nenhuma guerra, nenhuma corrupção. Os americanos trouxeram seu dinheiro e subornaram o povo. O povo é pobre, logo precisa vender sua vida aos americanos.	No SPK, os pacientes entenderam que a doença é um produto das condições existentes. Os americanos chegaram em 1945 para substituir os nazistas. Os americanos trouxeram seu dinheiro (Plano Marshall, investimentos de capital) e compraram a força de trabalho da população alemã. Nos portadores do regime nazista ainda invariavelmente existentes na indústria e na administração, eles encontraram agentes e cúmplices voluntários para uma germanização da sua concorrência capitalista e guerra de conquista na Europa – correspondente à tencionada vietnamização da guerra de classes imperialista dos monopólios americanos do armamento, do petróleo, da eletrônica e da química contra a população vietnamita.
O vietcongue luta pela honra e pela liberdade, não pelo dinheiro.	Na agitação do SPK, trabalhamos para liberar a consciência da dominação do valor de troca.
O exército do povo luta para devolver ao povo seus direitos, exterminar os ricos, para proporcionar a todos paz, liberdade e independência.	Os pacientes do SPK defenderam a si mesmos a partir da total ausência de direitos, eles lutam por sua própria liberação.
Com frequência incrivelmente muito tempo e energia foram empregados para encontrar os argumentos com os quais se podia mobilizar o povo do melhor modo possível. O contato pessoal cara a cara é mais importante do que a informação via palavra escrita.	As necessidades de cada um ocupavam um papel central na práxis do SPK: elas eram o ponto de partida e motor da agitação. Nos grupos de trabalho científico, não se tratava de um saber livresco abstrato, mas da produção de uma relação entre aquilo que é lido e as necessidades de cada paciente (e do SPK como um todo).

Vietcongue segundo Newberry	SPK
Pressão social é exercida sobre habitantes locais indecisos. Se um número de habitantes se "mostra entusiasmado" por uma ou outra causa, isso provoca sentimentos de culpa nos outros; eles querem gozar das vantagens da revolução, porém sem fazer nada por ela.	Alguns pacientes vivenciavam sentimentos de culpa: por um lado, quando acreditavam estar se aproveitando, no tocante à "sua" doença, de sua cooperação no SPK, por outro, por pensarem, porém, que eles mesmos não dedicavam tempo e energia suficientes em sua cooperação.
Por mais pobre e inculto que seja, todo vietnamita sabe como os franceses governaram o país e exploraram o povo. Como, para os asiáticos, os americanos se parecem exatamente com os franceses, o camponês vietnamita acredita imediatamente quando lhe contam que os americanos são tão bárbaros como os franceses.	Muitos alemães, por mais jovens e incultos que possam ser, sabem como os nazistas governaram o país e enviaram o povo ao campo de batalha e às câmaras de gás. Porém, pelo fato de os "novos" senhores não aparecerem mais de uniforme da SA e da SS, mas camuflados com ternos sob medida, para os alemães é difícil reconhecer que os agentes e cúmplices atuais do capital praticam o mesmo extermínio humano (exploração = extermínio freado da vida = doença) com métodos mais sutis que seus predecessores de uniforme. Porém, quando um grupo constantemente crescente de pessoas percebe isso e se opõe, então não resta realmente mais nada aos von Baeyers, Oesterreichs, Schnyders e Hahns a não ser acionar uma polícia fortemente armada contra os pacientes e encarcerá-los por perigo de supressão de provas (= perigo de esclarecimento).
Os vietnamitas não conhecem muitos direitos e liberdades democráticas. Daí que não tem sentido supor que os americanos vieram para proteger algo que não existe de modo algum para os cidadãos comuns.	Os doentes são totalmente sem direitos. Daí que não tem sentido supor que os médicos e juízes protegem ou reparam uma saúde e uma inviolabilidade que não existem de modo algum para o proletariado sob a determinação da doença.
Ninguém vem de 20.000 km de distância, ninguém gasta milhares de dólares anualmente, ninguém sacrifica milhares e milhares de jovens vidas humanas para algo que não existe aos olhos dos vietnamitas. Deve existir, portanto, uma outra razão para isso.	Ninguém gasta anualmente mais de 80 bilhões de marcos (orçamento da Seguridade Social de 1969), ninguém utiliza um exército de médicos e assistentes para uma saúde que nem sequer existe para alguns poucos capitalistas que vivem às custas de milhões e milhões de

Vietcongue segundo Newberry	SPK
	proletários doentes, oprimidos e explorados. Deve existir, portanto, uma outra razão para isso.
Quase todos os vietnamitas que estiveram em contato com americanos tiveram experiências ruins, tiveram a experiência de como os vietnamitas são rebaixados, feridos e mortos pelos invasores estrangeiros, com frequência exclusiva e visivelmente por prazeres sádicos.	Quase todos os doentes que estiveram em contato com médicos (em particular médicos "de seguros", médicos oficiais, da empresa e de manicômios) tiveram experiências ruins, tiveram a experiência de como os pacientes são rebaixados (rotulados pelo diagnóstico, postos sob tutela), feridos (operados, picados com injeções, submetidos a eletrochoques, amputados, maltratados com comprimidos) ou mortos, isto é, assassinados ("erros" médicos, denegação de assistência etc.), com frequência exclusivamente por interesses "científicos".
Quando temos medo, ficamos alertas e somos menos facilmente vítimas de um atentado.	Quando temos medo, ficamos alertas e somos menos facilmente vítimas de um atentado.
Infelizmente, esse medo faz com que também apeteça mais aos soldados americanos atirar; eles preferem atirar a fazer perguntas.	O medo dos dominantes (portanto, a "mania" de perseguição **deles**) é uma reação totalmente adequada à realidade ao poder latente e adormecido de uma população que age de modo coletivo e solidário, poder que é constantemente oprimido à força: "Seus mil medos são mil vezes vigiados". Que a polícia alemã faz um uso "bem-sucedido" de armas de fogo em suas medidas paranoide-histéricas de perseguição contra doentes ficou evidente justamente no passado mais recente: Benno Ohnesorg, Georg von Rauch – Berlim; Petra Schelm – Hamburgo; Thomas Weisbecker – Augsburg; Richard Epple – Tübingen; Jan McLeod – Stuttgart; R. Schreck (Páscoa de 1968), Alois Rammelmeier, Ingrid Reppel – Munique; motoqueiros, motoristas, assim chamados criminosos; fuzilamento a sangue-frio de reféns e daqueles que lutam pela libertação da Palestina nas Olimpíadas de 1972 em Munique.

Vietcongue segundo Newberry	SPK
Todo recruta é encorajado a fazer perguntas, por mais ridículas que possam parecer. As discussões dentro das células são provavelmente o método de ensino mais inteligente e eficaz do arsenal pedagógico do vietcongue. A maioria dos recrutas nunca falou diante de um grande grupo de pessoas em suas vidas; por isso são tímidos. A maior parte deles vem dos meios sociais mais simples, possui um baixo nível cultural e político, de modo que, por medo de passar vergonha, só se expressa a contragosto diante de um grande grupo de pessoas. Porém, para eles é muito mais fácil expressar sua opinião num grupo de 3 pessoas, sobretudo se os 2 outros cooperam com ele dia e noite. Assim que o novato se sente de algum modo seguro na discussão da sua célula, começa a falar mais facilmente em seu grupo. Depois precisa defender seu ponto de vista dentro do seu pelotão para finalmente explicar suas opiniões diante de cerca de 300 a 400 alunos.	Na agitação pessoal, trata-se em primeiro lugar das dificuldades e sintomas de um paciente, por mais ridículos que possam lhe parecer ou por mais culpado que ele possa se sentir ao assimilar seus conflitos. Porém, na agitação pessoal os participantes também experimentam juntos o condicionamento social especialmente dos problemas, dos quais se trata justamente, assim como da determinação social da doença em geral. A inibição, também relativa à expressão verbal, é reconhecida e superada em favor da liberação do protesto contido na doença. Nos grupos de agitação e de trabalho científico, o medo de passar vergonha finalmente vai desaparecendo aos poucos. Finalmente mais e mais pacientes conquistam a capacidade de se expressar diante de centenas de participantes de *teach-ins* [discussões públicas] ou, por exemplo, de se opor firme e adequadamente diante de representantes da universidade (reitor, senadores etc.). O que tais representantes não podem ou não querem entender, tentando se defender indefesos com considerações do tipo: "Você não faz de modo algum parte do SPK desde o início e não tem nenhuma ideia" (reitor Rendtorff), "Nossos pacientes são totalmente diferentes, mas você sabe falar e não tem papas na língua" (von Baeyer), ou simplesmente "bando de criminosos" (Leferenz).
Atenta-se cuidadosamente ao fato de que o recruta em questão não seja humilhado; quem zomba de um outro é punido e não aquele que comete um erro.	As reações de um determinado paciente, como um sorriso depreciativo ou a rejeição intencional do comportamento ou manifestações de um outro paciente, tornam-se igualmente objeto da agitação em grupo, tal como o comportamento e as manifestações do outro participante do grupo em questão.

Vietcongue segundo Newberry	SPK
Também faz parte do método de aprendizagem que o instrutor sempre analise os dois lados de uma questão: tanto do ponto de vista do front de libertação quanto do ponto de vista do inimigo. O instrutor "imuniza" os recrutas contra todos os argumentos do inimigo aos quais ele será possivelmente confrontado mais tarde. Na medida em que os argumentos do inimigo são reunidos, analisados e refutados pelos próprios recrutas (com o apoio do instrutor), eles desenvolvem uma postura a partir da qual os contra-argumentos são automaticamente rejeitados, o que conduz, no final das contas, ao fato de que todo argumento evocado contra qualquer concepção do vietcongue seja refutado e descartado. Na maioria dos casos, esse método é bastante fecundo, e os recrutas também se tornam tão dogmáticos que não aceitam mais nem um único argumento contra a doutrina de sua ideologia, por mais convincentes ou razoáveis que os contra-argumentos possam ser.	Em sua práxis diária de agitação, os pacientes aprenderam com Marx e Hegel que todas as coisas possuem dois lados: um lado progressista e um lado reacionário. Mas eles também aprenderam que o ser social do homem determina sua consciência, e que sempre se deve perguntar, em todo argumento, a quais interesses sociais ou necessidades ele deve servir e que, em regra, o dito senso comum que nos é inculcado funciona servindo aos interesses dos dominantes contra nossas próprias necessidades. Através dessas experiências, os pacientes se tornam altamente sensíveis aos pretensos contra-argumentos razoáveis. Nossa política sempre tendia para que a questão do poder se colocasse por si mesma na confrontação com o adversário, o que significa que propostas aparentemente razoáveis dos nossos adversários podiam ser desmascaradas rapidamente como tentativa de chantagem e estratagema dentro de uma estratégia de extermínio daqueles que reivindicam para si o monopólio do poder. Desse modo, também podia ser alcançada uma imunização de alto grau dos pacientes contra as tentativas toscas de corrompimento dos representantes da ideologia dominante do extermínio e da economia da morte.
Um outro ponto da preparação política e ideológica dos soldados para a luta é, talvez, o mais insólito. Quando um plano de combate é estabelecido e discutido, os quadros convidam os soldados a fazer propostas a fim de melhorar o plano de ataque e aumentar as chances de vitória. Entre nós, é inimaginável que um oficial fale com um mero soldado e decida com ele o plano estratégico e tático de uma campanha. No vietcongue, esse método cumpre, porém, um objetivo	A socialização da terapia tinha que parecer insólita, inimaginável e "irresponsável" aos olhos dos médicos adversários do SPK. Não se pode permitir, nesse país, que os próprios pacientes determinem, desenvolvam e realizem sua terapia. Interesses de lucro bem protegidos e até mesmo a totalidade das relações sociais existentes são colocados através daquilo em questão e ameaçados. Os pacientes socialistas são, portanto, uma "erva daninha que não pode mais ser tolerada, tendo de ser

Vietcongue segundo Newberry	SPK
cuidadosamente calculado. Ele está em conformidade com o dogma do vietcongue de que todos os homens são iguais independentemente do seu posto ou classe.	eliminada o mais rápido possível através de todos os meios disponíveis" (ministro da Cultura, Hahn, 09/11/1970). Os ataques policiais e as detenções encomendadas ocorreram meio ano mais tarde. Esse método está em conformidade com o dogma dos agentes do capital de que é necessário existir exploradores e explorados, sem consideração pela perda de vidas humanas, para todo o sempre – amém.
A ideologia política do front revolucionário de libertação, uma mistura peculiar de filosofia política e experiências vindas da literatura de diferentes nações, foi gradativamente utilizada como substituto da religião do povo.	A práxis política do SPK, que era determinada pelas necessidades dos pacientes e alimentada pelos conhecimentos de Hegel, Marx, Reich e muitos outros, foi para os pacientes uma superação de sua sistemática idiotização pela ideologia e racionalidade do capital.

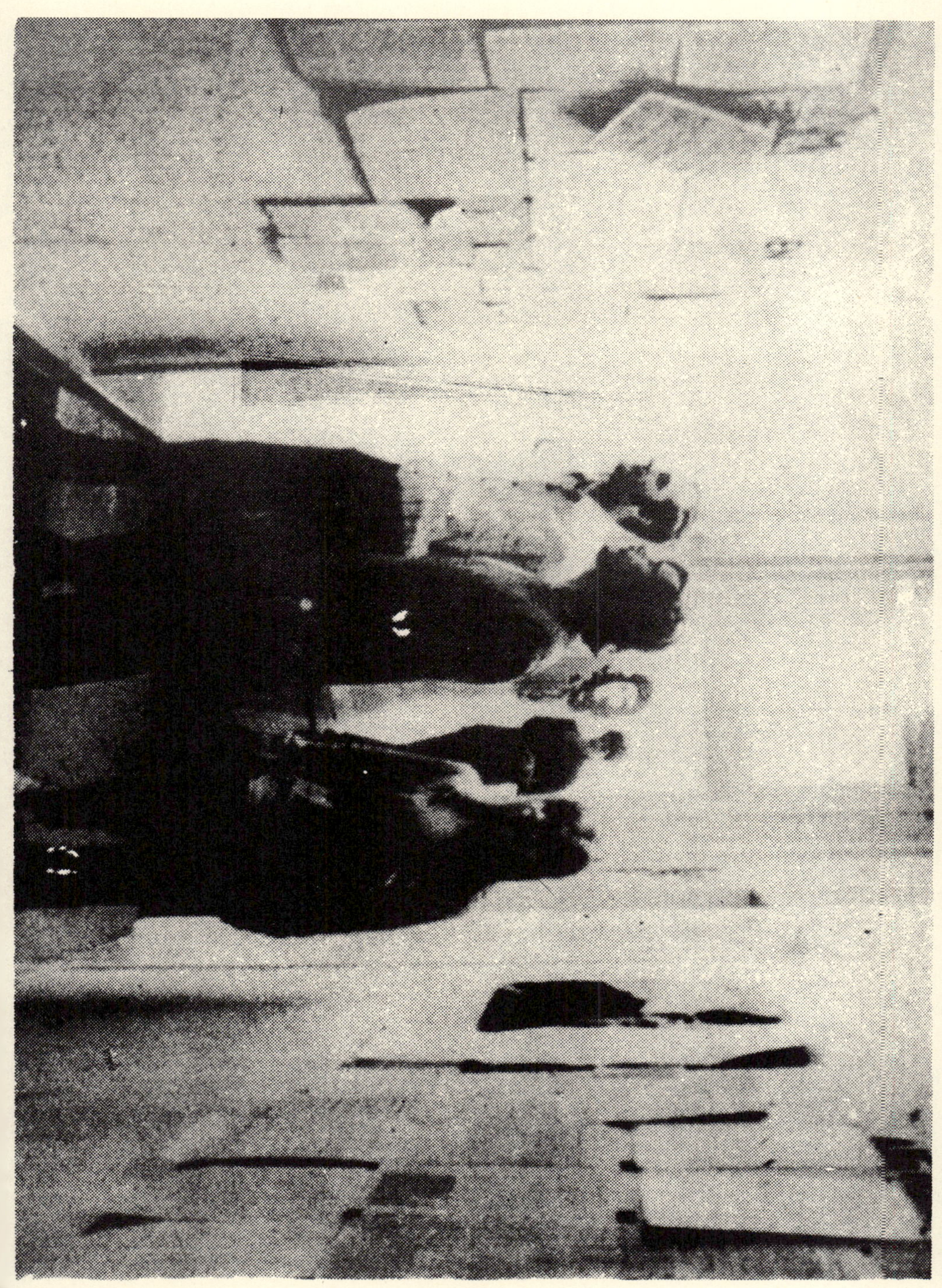

Pacientes olhando panfletos e cartazes em quartos da SPK

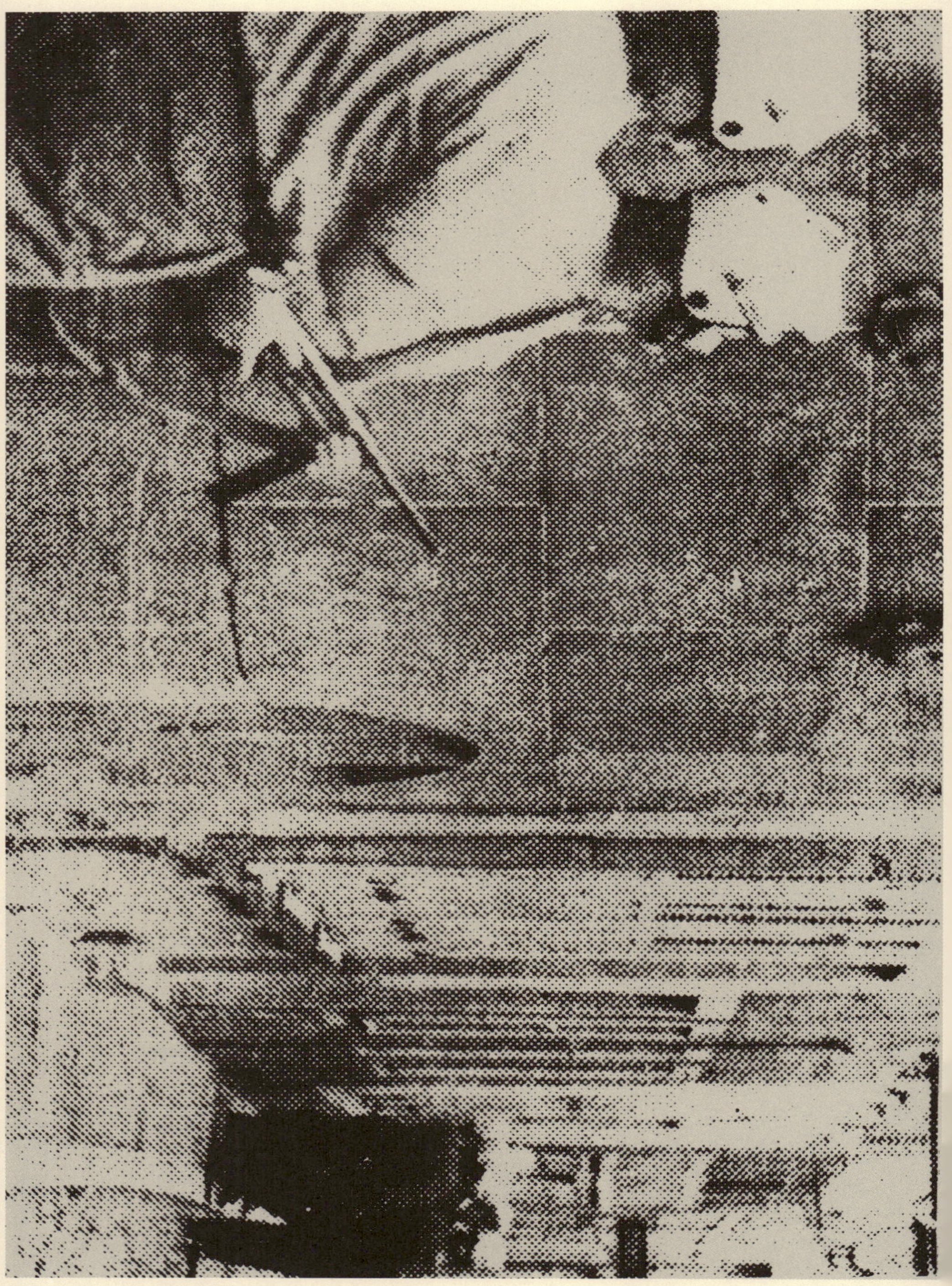

Policiais em ruas de Heidelberg

Polícia presa – Prisioneiros livres

Textos adicionais do Coletivo Socialista de Pacientes (SPK) / Frente de Pacientes (PF), SPK /PF(H)

SPK/PF(H)

Alienação

Neste livro também usamos com frequência a expressão alienação.[75] Por isso, mais algumas anotações acerca dela.

No que diz respeito à alienação, talvez Karl Marx seja o pior hegeliano ou marxiano quando diz: o social, quer dizer: o estado atual da sociedade como um todo, deve tornar-se, para o homem, seu primeiro, mais importante, mais natural e mais evidente interesse (com frequência abreviado como humanização da natureza, naturalização do homem). Em oposição a isso, Hegel: o objeto primeiro e indispensável do homem é a consciência, isto é: o próprio homem.

A natureza ressurge como doença, uma natureza deformada, porém **humanizada**, se a alienação, primeiro momento do conceito de doença –: fracassa.

A alienação encontra sua única realização possível na espécie humana **que há de ser feita**, por nós e todos, ou a alienação se converte numa recaída, por exemplo com o nome ecologia (= parte do iatrocapitalismo "alternativo").

Para nós, a alienação é, consequentemente, algo diferente do que é para Marx, o qual considerava a alienação como algo louvável em relação ao processo de produção. Ele até mesmo criticava o fato de essa alienação não ser totalmente suficiente; ele a considerava como catalisador que transforma as formas de organização social. Uma letra de câmbio sobre o futuro. (Marx distingue quatro tipos de alienação do trabalhador: a alienação do processo de produção, a alienação dos produtos do processo de produção (mercadorias), a alienação de si mesmo (mercadoria), a alienação dos outros trabalhadores (mercadorias)).

Para nós, a alienação também é algo diferente do que é para Hegel, o qual considerava a alienação como a parte reversível, a ser anulada, da exteriorização [*Entäußerung*] do espírito (= homem, homem subjetivo, objetivo, absoluto), contra o qual a exteriorização do espírito como tal é irreversível, não podendo, portanto, ser novamente anulada na natureza, na história e na sociedade. Em consequência disso, a alienação no sentido de Hegel é fundamento e possibilidade dos "indivíduos" singulares, ao menos de sacudir a alienação na autorreflexão filosófica, e nem que seja unicamente por um instante (*nous*, *Nu*).

Tampouco era nosso tema a redenção (Cristo) do pecado (Adão), este último sendo a alienação diante de Deus (falsos deuses naqueles tempos remotos, mercadorias em nossa época, em suma: fetichismo).

Para nós, a alienação era e é a doença, a qual, menos qualquer influência seja de quem for, sempre é enquanto tal e a partir de si mesma ou alienação de mais ou alienação de menos, mas ao mesmo tempo a alienação é através da força da doença sempre e imediatamente e por toda parte **atividade**, como solução e como liberação, porque e na medida em que é matéria da patoprática. A questão da alienação não é uma questão, tampouco quanto a doença é uma questão, mas algo pelo qual se deveria lutar em prol da doença, uma luta que questiona tudo e permanece na pergunta.

As respostas tradicionais ao tema da alienação não são de modo algum falsas. No entanto, ou apesar disso, são falsas porque tudo depende da doença, porque todo assunto só é completo na conexão com a doença ou não o é de modo algum. Se a alienação for apreendida primeiro e sobretudo de modo patoprático como doença, então isso também tem liberado e dispensado à doença junto com a alienação, também enquanto palavra, de toda *observância* terminológica.

Brevemente: o nível não é mais um nível terapêutico-teológico--escatológico, tampouco um nível marxista que se refere a uma sociedade **futura**, muito menos um nível da pura e simples atualização social--revolucionária blanquista ou da atualização filosófica (hegeliana), pois trata-se do nível de coletivos na alegria selvagem e furiosa com a doença, aqui isso quer dizer: na relação premente e urgente entre as doenças singulares e a espécie humana (= doença universal e comum).

Estas anotações só se dirigem àqueles que têm um interesse especial em dar continuidade a seus estudos sobre a alienação.[(76)] A isso juntamos, além disso, nosso agradecimento a Jean-Paul Sartre, que em seu tempo (ver seu prefácio para "SPK – Fazer da doença uma arma", abril de 1972) fez mais do que pressentir a importância e o alcance do tema da alienação.

Coletivo Socialista de Pacientes (SPK)/ Frente de Pacientes (PF), SPK/PF(H)[77] Quadro cronológico resumido

Desde 1964, na clínica psiquiátrica da Universidade de Heidelberg, estava empregado um médico e cientista que levou a sério a pretensão da universidade de "**fazer ciência para o homem**" enquanto missão social: **dr. Wolfgang HUBER**. Ele empregou sem reservas todos os seus conhecimentos, capacidades e o equipamento material da clínica da universidade em prol dos interesses de todos os pacientes que vinham até ele. Através de um engajamento total em assuntos básicos, ele conseguiu criar uma situação que, do ponto de vista dos pacientes, se igualou à abolição [*Aufhebung*] de seu papel de objeto condicionado pelo sistema.

Essa ciência **para** os doentes capacitava os pacientes a fazer frente ao contexto de exploração, ou seja, eles não eram mais cobaias passivas e gado de corte para as carreiras dos médicos ou interesses na pesquisa lucrativa. Os pacientes assim liberados e seu médico tiveram de entrar inevitavelmente em colisão com os interesses de lucro e mecanismos de opressão e repressão que existem de fato numa clínica universitária.

Desde 1965 essa clínica psiquiátrica principal estava de modo cada vez mais nítido e reconhecível numa ruína e desprestígio crescentes: ocupação total desejada e ao mesmo tempo recusa massiva e em série e expulsão efetiva de pacientes de acordo com o prazer e o humor do respectivo médico, em cujo poder de disposição eles se encontravam por acaso.

1965-1966	Ultimato de Huber: Ele pede demissão, ou →
1966-1970	O dr. HUBER estende cada vez mais seu trabalho voluntariamente assumido na policlínica da clínica psiquiátrica da universidade através de esforços pessoais muito além de seus deveres. Adendo a pedido de um jornal de Heidelberg: Quando o ministro HAHN veio com sua nova lei universitária e HUBER, agora segundo diretor da policlínica em psiquiatria, candidatou-se **contra** ela como "lista Demos" com os votos de 90 colegas, ele tinha havia muito aberto a policlínica para a população – "se dando bem e apoiando vocês entre si, sobretudo também fora.

	Se necessário, também contra mim e os outros médicos" – e os **estudantes** entre os pacientes, numericamente uma minoria, eram **incluídos** nessa dinâmica feita de dialógica → dialética → coletividade (ainda longe de uma agitação, mas já contrária à terapia e com isso contrária à polícia!!). No final de 1968, Huber também deixou esse seu exercício da função de representante eleito dos assistentes, pois, para ele, era somente o gesto de um exercício claramente obrigatório, mas adicional. Além disso, ver a esse respeito: "... com culto e pólvora ele tornou a doença explosiva ..." (ver: *25 anos de SPK – 60 anos de Huber – 10 anos de KRANKHEIT IM RECHT* [Doença no Direito]).(78)
1968	**Desenvolvimento e fundação do Coletivo de Pacientes original pelo dr. Huber**, mais fora, mas também de modo crescente dentro de seu novo local de trabalho.
Agosto de 1969	O chefe da clínica, Walter Ritter von BAEYER, faz a oferta ao dr. HUBER de **habilitar-se para professor catedrático** com ele, **mas para isso deve deixar de escrever panfletos**.
Outubro de 1969	O novo diretor da policlínica, dr. H. KRETZ, dissolve vários grupos terapêuticos de Huber.
Dezembro de 1969	Depois de outras intrigas contra HUBER e arbitrariedades pérfidas contra os pacientes feitas pelo dr. KRETZ, uma carta do diretor da clínica, prof. von BAEYER: Em 1970, o contrato do dr. HUBER não será prorrogado – como previsto originalmente – (3 prorrogações automáticas antes. Depois da promessa de sua habilitação como professor catedrático – ver acima – o contrato permanente foi prometido ao mesmo tempo, pois então automaticamente a posse do status de funcionário público).
Janeiro de 1970	Os pacientes se defendem: investigação das condições na policlínica psiquiátrica feita pelo Coletivo de Pacientes por meio de inquérito. O reitor, RENDTORFF (ver abaixo), recusa categoricamente o pedido de diálogo dos pacientes.

COLETIVO SOCIALISTA DE PACIENTES

05-20/02/1970	**Reuniões dos pacientes na clínica e primeira assembleia geral de pacientes do mundo.** **12/02/1970**: Primeira assembleia geral de pacientes **pró**-doença do mundo sem médicos. Mais do que isso: na presença da imprensa, os pacientes ali reunidos proibiram de modo unânime e sem acordo prévio a entrada de vários médicos que queriam se infiltrar. Anteriormente houve, entre outros e desde janeiro, pesquisas de campo e pesquisas de opinião dos pacientes contra os médicos. **14/02/1970**: O pró-reitor da universidade da Faculdade de Medicina derrubado por esse motivo, sem substituto, aliás. **20/02/1970**: O assim chamado pelos médicos "*Hearing*" foi transformado pelos pacientes num tribunal contra os médicos. ("Não, nenhum *round-table small talk* como na televisão. Não!", diziam os pacientes e levavam as mesas para fora da sala). Auditório superlotado (centenas), mídias.
21/02/1970	**Destituição sem aviso prévio** contra o dr. HUBER. **Proibição de entrada para ele e os pacientes** em todos os espaços da clínica, zona proibida.
23/02/1970	Todos os pacientes banidos da policlínica devem ir para Wiesenbach, à casa de HUBER (ordem do diretório clínico).
26-28/02/1970	**O dr. HUBER e o Coletivo de Pacientes ocupam o gabinete do diretor administrativo dos institutos clínicos da universidade e entram em greve de fome.** Resultado: um "compromisso". Ele deveria garantir as condições institucionais requeridas para a continuidade do trabalho do SPK nos espaços da universidade na Rohrbacherstrasse, nº 12 e incluiu apoio financeiro regular e prescrição livre de receitas.

Através da institucionalização efetiva como grupo de trabalho autônomo nos espaços da universidade, o COLETIVO SOCIALISTA DE PACIENTES tinha conseguido que toda a universidade confirmasse, na figura do reitor, a incompetência da Faculdade de Medicina para o cuidado dos doentes, tendo de levar desse modo, por sua vez, seu status de fracassado aos olhos de todo mundo. No início de janeiro de 1970, o reitor, Rolf RENDTORFF, ainda tinha se entrincheirado atrás de pretextos diante dos pacientes (ver acima: pesquisa de opinião, pesquisa de campo): que ele não era nem responsável nem competente em relação à catástrofe iminente – esse foi o seu pretexto.

02/03/1970	**Mudança dos pacientes para os espaços da universidade na Rohrbacherstrasse, nº 12 conquistados colocando em risco suas vidas (greve de fome, ver acima).**
24/03/1970	**Go-in de 30 pacientes do SPK na reitoria da universidade** contra o bloqueio de receitas ordenado pela Faculdade Geral de Medicina.
25/03/1970	**Ocupação do gabinete do prof. von BAEYER.** Os pacientes exigem receitas em branco. Em vez de uma resposta, o clínico-chefe, von BAEYER, solta a polícia chamada por ele contra esses pacientes. Tomada de dados pessoais e proibição de entrada. Antes (tudo em março), a universidade e a administração da clínica tinham cortado metodicamente a energia elétrica e o telefone de todos os espaços do SPK por dias a fio, e, através da inspeção dos espaços do SPK ao meio-dia e com gazuas, colocaram os espaços do SPK à disposição de várias secretárias de direção para o próximo dia 1º (de abril de 1970!). ("Aqueles e o lixo [pacientes] serão despejados em pouco tempo, podendo, assim, ser imediatamente remodelado"). Nós o impedimos.
03/06/1970	O assim chamado parlamento dos estudantes aprova uma moção de repúdio contra o SPK. Em vez do SPK, ele quer um "centro de consultoria psicoterapêutica" na Universidade de Heidelberg.
Junho de 1970	**Primeira INFO [informação] dos PACIENTES:** O SPK se posiciona contra a proibição da SDS [*Sozialistischer Deutscher Studentenbund* = União Socialista dos Estudantes Alemães] e torna conhecida sua própria posição: "Enterremos de uma vez por todas a esperança pueril na saúde! [...] Não pode haver nenhum ato terapêutico que não tenha sido identificado antes de modo claro e inequívoco como ato revolucionário".
06/07/1970	**INFO dos PACIENTES nº 2: Medicina como regulador do desgaste e profilaxia de crises.**
06-10/07/1970	**Ocupação da reitoria da universidade pelo SPK.**
09/07/1970	**Resolução do conselho administrativo da universidade de institucionalizar o SPK na universidade.**

14/07/1970	**INFO dos PACIENTES nº 7: Os hospitais são locais de produção exatamente do mesmo modo que as fábricas.**
Julho de 1970	A Faculdade de Medicina tenta derrubar a resolução legal. Entre outros, o prof. HÄFNER: No SPK está presente "mais mentalidade sectária ou das cruzadas medievais do que psiquiatria moderna". Resultado da campanha de difamação realizada pela Faculdade de Medicina em geral: O ministro da Cultura de Baden-Württemberg, prof. Wilhelm HAHN, anuncia: O contrato entre a universidade e o SPK é "*ilegal no mais alto grau*".
Julho de 1970 até outubro de 1970	Os três pareceres requeridos pela universidade recomendam a institucionalização do SPK como instituição autônoma da universidade: - Parecer do prof. Horst E. RICHTER (Universidade de Giessen) (14/07/1970). - Parecer do prof. Peter BRÜCKNER (Universidade de Hannover) (29/09/1970). - Parecer do dr. Dieter SPAZIER (05/10/1970).
20/07/1970	**Autoapresentação científica do SPK** (requerida pelo conselho administrativo da universidade).
Setembro de 1970	No dia 01/09/1970, a Faculdade de Medicina exige de colegas uma tomada de posição de repúdio ao SPK. Como esperado, os colegas médicos entregam esses pareceres de complacência: - O assim chamado "parecer" do prof. THOMÄ (Universidade de Ulm, antes clínica de psicossomática de Heidelberg, nem psiquiatra, nem mesmo médico) do dia 09/09/1970. - O assim chamado "parecer" do prof. von BAEYER do dia 15/09/1970, pessoalmente atacado e tomando partido dos médicos em causa própria. - Carta privada, assim chamada "parecer", do prof. H. J. BOCHNIK (Frankfurt) do dia 06/10/1970.
18/09/1970	**Decreto do ministro da Cultura, prof. Wilhelm HAHN, para liquidar o SPK.**
30/09/1970	Ataque surpresa iminente da polícia. Contra-ataques preventivos preparados e parcialmente executados.
04/11/1970	Primeira sentença de despejo provisoriamente executável contra o SPK.

05/11/1970	**INFO dos PACIENTES nº 12: O campo de concentração *total*.**
07/11/1970	**Entrevista de rádio com 5 pacientes do SPK.**
09/11/1970	**INFO dos PACIENTES nº 15: Coito corruptus ou abstinência, eis a questão aqui.**
09/11/1970	Como o procedimento de despejo só estava dirigido formalmente contra o dr. HUBER, ele deixou os espaços do SPK com o consentimento dos pacientes. No mesmo dia às 17 horas, 4 pacientes do SPK procuram o ministro da Cultura, HAHN, em seu horário de atendimento para exigir a anulação do decreto do dia 18/09/1970. **HAHN qualifica o SPK como "erva daninha** que não pode mais ser tolerada, tendo que ser eliminada o mais rápido possível". Na noite do mesmo dia, o reitor, RENDTORFF, procura o SPK. Diante de testemunhas, o reitor consente por escrito nas condições mínimas do SPK a continuidade do **SPK** na universidade: um acordo que, como todos os outros acordos anteriores, ele quebrou igualmente mais uma vez.
16/11/1970	Requerimento do SPK de uma interdição provisória contra o pogrom do ministro da Cultura, HAHN, e **queixa judicial do SPK contra o Ministério da Cultura.**
19/11/1970	**Teach-In do SPK no auditório 13 da universidade superlotado** (1.200 pessoas).
23/11/1970	Chamado por decisão do SPK, o dr. HUBER retorna aos espaços da Rohrbacherstrasse.
24/11/1970	Sessão secreta do senado. **Requerimento da Faculdade de Medicina para a separação do SPK da universidade. Decisão do senado segundo a qual "o SPK não pode tornar-se uma instituição nem dentro nem fora da universidade".**
09/12/1970	**Sentença de despejo** contra o SPK.
02/02/1971	**INFO dos PACIENTES nº 16: A fraude na medicina.**
18/03/1971	**INFO dos PACIENTES nº 32 – Novo espelho universitário [*Neuer Unispiegel*] nº 3** ISSO é a "ciência" NESSA universidade! Cumplicidade entre o capital (VW) e o cartel fascista dos médicos da Uni (FAK).

24/03/1971	**INFO dos PACIENTES nº 33:** Trata-se de uma **ameaça de morte por telefone ao dr. Wolfgang HUBER.**
16/04.- 05/05/1971	**INFO dos PACIENTES nºs 35-37** **Suicídio = Assassinato / Bloqueio por fome forçada = Assassinato.** Sobre o assim chamado pela imprensa "sui"cídio de uma paciente do SPK no dia 08/04/1971.
05/05/1971	**INFO dos PACIENTES nº 36 – Novo espelho universitário [Neuer Unispiegel] nº 7** **Bloqueio por fome forçada = Assassinato.**
06-18/05/1971	Berlim a favor do SPK, Heidelberg (o professor de filosofia THEUNISSEN, "Morte via eutanásia sob controle da ciência!") contra o SPK (sobre a confrontação com a Fundação Heinrich Heine).
13/05/1971	O recurso de apelação do SPK contra a sentença de despejo é indeferido pelo tribunal de primeira instância de Heidelberg.
12-13/06/1971	SPK presente na Universidade (FU) de Berlim (evento de agitação no final de semana).
18-20/06/1971	**Ação do SPK num congresso da Academia Evangélica de Arnoldshain:** Os participantes do congresso votam uma resolução a favor da continuidade do SPK. Centenas de participantes evangélicos do congresso vindos da Europa e do dito Bloco de Leste não só votaram e assinaram naquele tempo a favor do SPK contra a classe médica iatrocapitalista, mas também deram uma demonstração de forte rejeição aos colaboradores da classe médica hostil aos pacientes, ao ministro da Cultura, sr. HAHN, e ao reitor da universidade, RENDTORFF, ambos teólogos evangélicos e, portanto, seus irmãos de fé. Depois do congresso, alguns dos participantes até mesmo passaram para o lado do SPK e permaneceram nele. Mobilidade entre seitas, isso existe?
24/06/1971	Com um pretexto, a casa do dr. HUBER é revistada. Durante uma batida nos dias 25-26/06/1971, 8 pacientes do SPK são detidos. O dr. Wolfgang HUBER e 2 outros pacientes do SPK permanecem ilegalmente encarcerados. No dia seguinte, HUBER já é colocado incondicionalmente em liberdade da prisão. Os outros 2 são chantageados (sem sucesso!) para depor contra ele.

26-28/06/1971	Dois eventos de agitação do SPK e na sequência **agitação e coro falado na frente da prisão.** HUBER presente. Panfleto **FAZER DA DOENÇA UMA ARMA.**
27/06/1971	Comunicado de imprensa do advogado do dr. HUBER. No mesmo dia no jornal local *TAGEBLATT*: "... ontem o procurador da República negou que tivessem se produzido contatos com o grupo Baader-Meinhof".
30/06/1971	**INFO dos PACIENTES nº 47 – GORILAS EM HEIDELBERG** "... exigimos 500 licenças de porte de armas para os pacientes, para que possam ressaltar por esses meios seu direito muitas vezes exigido de autodefesa contra o terror policial desmesurado desatado." Nota: Décadas mais tarde, os pacientes descritos como "deficientes" são incitados de modo hipócrita pela imprensa e pela associação dos funcionários da República Federal da Alemanha a protegerem a si mesmos com armas, depois que cada vez mais pacientes vieram a morrer pela violência racista [*HEILsgewalt*] (ditos nazistas) e isso não pode mais ser encoberto.
02/07/1971	**INFO atual dos PACIENTES – À POPULAÇÃO** Sobre o término violento da agitação na frente da (prisão) Faulen Pelz através de cacetadas da polícia no dia 01/07/1971 *TAGEBLATT*: O SPK fez uma **denúncia contra o redator-chefe do jornal local *RNZ*** por incitação ao ódio [*§ 130 StGB* – Código Penal Alemão].
04/07/1971	**INFO dos PACIENTES nº 50 – VITÓRIA NA GUERRA DO POVO AQUI !!!**
05/07/1971	**Evento de agitação do SPK.** Uma manifestação de estudantes a favor do SPK ocorre em Nova York.
12/07/1971	**INFO dos PACIENTES nº 51 – Dialética da doença e prisão.** "Recusem-se a fazer qualquer declaração! ..." "**R**ecusa **T**otal da **D**eclaração, **RTD = TAV** [*Totale Aussage-Verweigerung*], e mais nenhuma colaboração no cárcere, diante do tribunal, no médico e na imprensa (em especial alemã), TV etc., e de fato para sempre e por toda parte.
13/07/1971	**Autodissolução do SPK para a proteção dos pacientes (retirada estratégica).**
16/07/1971	**Fundação do *InformationsZentrum Rote Volksuniversität [Centro de Informação Universidade Vermelha do Povo]* (IZRU).** Projeto e organização: Huber WD.

19-20/07/1971	Ordem de prisão contra 11 pacientes do SPK, buscas domiciliares e detenções.
07/11/1972	**Início do processo** contra os drs. Wolfgang e Ursel HUBER, entre outros. **Teach-In sobre os processos do SPK** com o prof. BRÜCKNER, entre outros.
Novembro de 1972	**Enquete dos pacientes europeus** num encontro em Heidelberg, organizado pelo IZRU, do grupo internacional de informação das contrainvestigações sobre o processo do SPK, apoiado por Jean-Paul SARTRE, entre outros.
19/12/1972	O dr. Wolfgang HUBER e a dra. Ursel HUBER são condenados a 4 anos e meio de prisão cada um. Essa não foi a única sentença contra pacientes do SPK: SPK/PF(H): "Em inúmeras decisões do tribunal e considerandos das sentenças, o Estado e o governo honraram com mais de 22 anos de prisão ao todo especialmente nossa constatação de que revolução é terapia e terapia é revolução, não podendo ser nada além disso". **O próprio SPK nunca foi condenado, muito menos proibido.**

Antes do início do processo, todos os pacientes do SPK sem exceção mandaram seus defensores para casa. Razões: nenhum dos advogados estava disposto ou era sequer capaz de entender a **teoria do SPK/PF(H) da revolução nova em virtude da doença**, muito menos impô-la publicamente.

Entretanto, mudamos também isso: muitos advogados assinam e respondem publicamente pelos produtos da aplicação especificada dessa teoria da revolução **nova** em virtude da doença.

E o que aconteceu com os perseguidores do SPK? Nenhum deles sem a carreira destruída em consequência disso e muitos falecidos nesse meio-tempo. Estranho? Não, inevitável e repetível.

SPK / FRENTE DE PACIENTES
sob as condições de encarceramento

A continuidade do SPK/PF-HUBER teve prosseguimento inicialmente nos anos 1971-1976 dentro da prisão. Estendida posteriormente a todos os níveis, a todos os continentes.

1973	**FRENTE DE PACIENTES (PF) como continuidade do SPK e retorno às raízes do SPK, proclamado por HUBER (SPK/PF) WD, dr. méd. de dentro da prisão (Stammheim, cela de isolamento).**
06/11/1975	**Início da greve de fome incondicional e sem prazo do dr. Wolfgang HUBER e da dra. Ursel HUBER**, ambos ainda na prisão. Não pela libertação, mas com o objetivo da confrontação contra os médicos e sua responsabilidade pela prisão e tortura. (Ver: *Comunicação sobre a greve de fome do dia 06/11/1975.*)[79]
12/11/1975	Início da tortura por meio da alimentação forçada contra o dr. HUBER: 82 vezes em 71 dias. Pouco depois também contra a dra. méd. Ursel HUBER.
25-28/11/1975	**2000 participantes** do Congresso psicanalítico "Sexualidade e Política", ocorrendo em Milão, se juntam a um **apelo pela libertação imediata dos grevistas de fome**.
13/12/1975	Comunicado de imprensa assinado, entre outros, por Jean-Paul SARTRE, Simone DE BEAUVOIR, Maître DE FELICE, Mouvement d'action judiciaire, Robert CASTEL, Félix GUATTARI, David COOPER, Franco BASAGLIA, Mony ELKAIM, Roger GENTIS, Jean-Claude POLACK, Michel FOUCAULT e 74 assinaturas de membros do RÉSEAU INTERNATIONAL.
20-21/01/1976	Libertação dos drs. Wolfgang e Ursel HUBER. O que permaneceu foi a retirada vitalícia das licenças para o exercício da profissão de médico. Não em último lugar, porque os drs. Wolfgang e Ursel HUBER retiraram o direito de existência dos médicos tanto do ponto de vista teórico quanto do prático através do SPK e da FRENTE DE PACIENTES (PF) e se recusam, agora como antes, a ter em comum a licença para o exercício da medicina com médicos como os MENGELEs de Auschwitz e os HEYDEs do T4-eutanásia-dos pacientes.[80]

A continuidade do SPK/PF(H) teve prosseguimento inicialmente nos anos 1971-1976 dentro da prisão e estava enfocada em alguns poucos pacientes da Frente. A greve de fome do SPK/PF(H) de 1975 deu o impulso a outros para juntar-se. Desde então, há cada vez mais os que são **pró**-doença e a **retomam de modo independente**, conforme o princípio do **EMF** (**E**xpansionismo **M**ulti**f**ocal). Os focos do EMF também surgiam em outros países, em outros continentes. Todos eles preferem servir à doença sem dominação, em vez do delírio de, como damas e senhores, continuar a fazer dia e noite os negócios de sua imortalidade pessoal com poder e dominação, propriedade e lucro e muita "cultura", obviamente sempre em prejuízo de seus iguais.

A fase crítica do SPK/PF pode ser comparada a uma ampulheta. Depois da retirada estratégica dos 500, apenas poucos continuavam na prisão, até a greve de fome de 1975, que se transformou em mais uma vivência de iniciação, também para que outros se juntassem pela primeira vez ou novamente, e para que muitos outros nos anos seguintes o fizessem seu de modo independente. Ampulheta: passagem estreita sem angústia, nenhum "*memento mori*" ("recorde a morte!"), veja-se também a força da doença na greve de fome do SPK/PF(H) de 1975: a doença é **mais forte** do que a morte.[81]

Sobre a relação entre SPK e PF, comparar também: separação entre polo militante e polo propagandista (significa e significava: separação no tempo, nunca na matéria). Considerar também a diferença entre militante e militar. Na estratégia da doença (patoprática), não há militarismo. Sobre a militância na prisão, ver também "O conceito de confinamento em isolamento" [*Der Begriff Einzelhaft*], em FRENTE DE PACIENTES: *SPK Documentação IV*,[82] em especial os métodos de resistência dos pacientes na prisão, aqui conferir também no quadro cronológico, na data de 6 de novembro de 1975: greve de fome incondicional e sem prazo do SPK/PF(H), não pela libertação, mas com o objetivo da confrontação contra os médicos e sua responsabilidade pela prisão e tortura.

Militância enquanto patoprática é a confrontação direta procurada pelos pacientes da Frente contra os médicos. A situação prototípica em seu estado puro não está dada em nenhum outro lugar de modo mais exemplar do que na enfermaria da prisão, onde coincidem diretamente a tortura-por-confinamento-em-isolamento invisível e sem deixar rastros e instrumentos de tortura visíveis e perceptíveis (instrumental de tratamento) sob responsabilidade médica. Também isso certamente não sem momento propagandista (dialética, não: diapática!).

Na Frente de Pacientes havia, além disso, mais duas outras confrontações em situação prototípica: a greve de fome de outro paciente da Frente na enfermaria da prisão de Wittlich em 1977. Essa confrontação terminou com o fato de que o médico responsável se deixou declarar como louco e o paciente da Frente ficou livre. A outra foi a greve de fome de outro paciente da Frente em 1978: o médico responsável da prisão de Hohenasperg foi desmascarado um ano depois pelo paciente da Frente e seu defensor na audiência pública no tribunal como antigo participante temporário do SPK e, consequentemente, como "gângster". Ele renunciou ao cargo em consequência disso. Isso pode soar estranho, mas é assim que se faz. Todo o resto pode ser correto ou falso, melhor ou pior, mas, em todo caso, isso não foi e não é SPK/PF(H).

Mais uma vez: o SPK era propaganda (propaganda **e** militância, "ingênuo e militante", jargão dos estudantes). Propaganda é impulso e propagação, portanto, também transmissão e não apenas o dito "*Channeling*". Estes são os distintivos e as características que pertencem a uma espécie que merece realmente o nome de organismo humano, melhor dito: corpos humanos, mas não no sentido do racismo (biologismo, genética genocida), mas no sentido do saber efetivo diapático, uma "ciência" diapática que está, portanto, mais próxima do marxismo autêntico do que qualquer outro tipo de ciência tecnológica (obviamente junto com as "ciências humanas" e todas as outras), pois toda ciência nada mais é do que pseudociência normésica e iatrárquica. Perante a "ciência", perante a "lógica" existente, é urgentemente necessária uma *epoché* também no sentido de E. Husserl, com referência também a uma situação pré-histórica, quando ainda não existiam os mecanismos desenvolvidos da economia monetária, mas é óbvio que não pode ser referida à mitologia desses tempos passados há muito, **antes pelo contrário, trata-se hoje em dia e no futuro de enfocar a atividade transformadora nas doenças singulares e de criar nesse processo a espécie humana a partir das doenças singulares, de fazer a partir delas com que a espécie humana aconteça.**

E exatamente para isso que precisamos da diapática, a qual substitui a "ciência" e a tecnologia, mas que ainda existem e as quais são, consequentemente, utilizadas enquanto instrumentos ainda não dispensáveis, mas somente sob o controle estrito da diapática.

Vocês que estão lendo isto, o que lhes parece? Nós provamos isso e o recomendamos, e isso é urgentemente praticável, pois o mundo é uma única catástrofe, e isso é mais urgente para vocês do que para nós.[83]

O quadro cronológico é interrompido nesse ponto.
Em vez de apresentar detalhadamente o grande número de acontecimentos do SPK/PF(H) nos anos seguintes, juntamos aqui uma vista panorâmica orientadora.

FRENTE DE PACIENTES (1976 até hoje)

Na confrontação da FRENTE DE PACIENTES contra o Congresso Internacional de Psiquiatria (Paris, fevereiro de 1976), depois de 4 anos e meio de confinamento em isolamento e depois de 2 meses e meio de greve de fome, HUBER WD reaparece imediatamente em público, e também fora de prisão, contra os médicos. Ver a esse respeito o escrito diapático "Die Iatrokratie im Weltmaßstab" [A iatrocracia em escala mundial] (Milão, dezembro de 1976).[84]

O Coletivo Socialista de Pacientes (SPK) nunca deixou de existir e sempre se impôs também nas condições mais adversas, enquanto todas as outras correntes, à época consideradas "muito revolucionárias", entretanto fracassaram e acabaram há muito tempo, ou capitularam, mesmo não dissolvidas.

O SPK só existe como SPK dentro da Frente de Pacientes, SPK/PF(H).
Naquela época, só o SPK se relacionou positivamente com a doença.

Nenhum outro agrupamento político socialista, comunista, anarquista ou militarista estava disposto a isso. Porém, nesse meio-tempo, o SPK/PF(H) propagou-se amplamente e estabilizou-se com o interesse e o objetivo comum de contrapor finalmente à classe médica assassina e impune durante milênios ao menos o início de uma Frente de Pacientes e uma classe de pacientes. O princípio de propagação do SPK/PF se chama, como já naquela época, **E**xpansionismo **M**ulti**f**ocal (EMF), por exemplo o SPK/PF EMF Áustria ("Stimme der Krankheit", "Voz da Doença"), igualmente o EMF Espanha, EMF Itália, EMF Grécia, EMF Colômbia, EMF Brasil, EMF Canadá e vários outros.

Desde 1976, a FRENTE DE PACIENTES dava continuidade à doença como arma da liberação coletiva nos mais diferentes campos: cotidiano, filosofia, agricultura, religião, justiça, música, história, o dito esoterismo.
Articular a doença (conceito de doença),
Descobrir o fundo de tudo por meio da doença (diapática),
Aplicar a doença a tudo e a todos (patoprática),
por toda parte e a todo instante, cada um lá onde está e isso desde o início até hoje.

Também ver a esse respeito sobretudo os textos fundamentais, nesse meio-tempo também disponíveis em inglês, francês, grego, espanhol e italiano para os outros.[85]

Aquilo que a FRENTE DE PACIENTES **pato**praticou e efetuou assim em detalhe está apontado em "*Geschichte der Patientenfront. Grundgipfellagiges, Ergänzendes, Frakturen*" [História da Frente de Pacientes. Cumes fundamentais, complementos, fraturas].[86]

Desde 1998 foi acrescentada nossa **biblioteca da aplicação especificada da doença** (www.spkpfh.de) nesse meio-tempo com mais de 1300 textos da doença nas línguas mais importantes. Para nós, para outros. **Pois quem não estaria doente hoje em dia?**

Lá também estão documentadas muitas de nossas ações patopráticas contra a dominação dos médicos, em especial contra o eutaNAZIsmo moderno genuinamente arquimédico, contra o roubo de órgãos, contra a guerra iatrobiôntica, contra a genética genocida, contra os cagões das mídias e falsificadores do SPK e também nossa luta de classes eletrônica: ações do SPK/PF(H) e de coletivos de pacientes EMF (unidades SPK) na classe transnacional de pacientes.

Comentário de fora:
Por ocasião da publicação italiana de um livro de textos do SPK e da FRENTE DE PACIENTES [SPK/PF(H)], a revista de cultura e política *INVARIANTI* (Roma) constatou o seguinte numa resenha:

A genética atual é o genocídio do terceiro milênio.
Largamente à frente de seu tempo, desde os anos 1970, essa guerra está decidida pelo SPK e pela PF a favor da doença.
Mais ninguém promovia e levava em frente o processo revolucionário na Europa em nosso tempo
mediante a ação e os fatos cumpridos – Frente intransigente contra tudo o que seja médico –
e por escrito, escritos da doença a partir do conceito da doença.

> SPK/PF(H):
> ***O Manifesto Comunista do terceiro milênio*** **–**
> Fora com a classe médica.
> O objetivo: a sociedade sem classes.
> Adiante **a classe dos pacientes!**[(87)]

Uma parte da **FRENTE DE PACIENTES** faz atualmente **KRANKHEIT IM RECHT [DOENÇA NO DIREITO]** (desde 23 ago. 1985).

Anteriormente e mais precisamente desde janeiro de 1976, a **Frente de Pacientes** tinha assumido e **dado continuidade**, sob outro endereço, a um escritório de advocacia em Mannheim, o qual esteve a ponto de fechar voluntaria-involuntariamente devido à ausência de perspectiva política e à ruína financeira havia um ano, e apesar disso desbordado e sobrecarregado principalmente por pacientes de clínicas psiquiátricas. O que salvou esse escritório de advocacia, transformou-o fundamentalmente em sua função e conseguiu para os pacientes a proteção política e legal urgentemente necessária para o ataque à classe médica, foi o SPK, SPK/PF(H).

Os relatórios de imprensa sobre a FRENTE DE PACIENTES, os pacientes da Frente e seus advogados da doença preenchem alguns classificadores, embora boicotemos a imprensa alemã desde 1970 por razões obrigatórias postas por ela.

Devido a um saneamento forçado, a **designação** "escritório de advocacia" foi anulada. Mas por isso, devido à mudança, o SPK/PF(H) teve a oportunidade, em 1985, de também abolir e superar [*aufzuheben*] de modo desafiador com efeitos para fora aquilo que ainda tinha sido chamado e continuava até então como escritório de advocacia, a partir de então no novo lugar de atividades patopráticas sob a designação **Doença no Direito, patoprática com juristas [*KRANKHEIT IM RECHT, Pathopraktik mit Juristen*].**

DOENÇA NO DIREITO [*KRANKHEIT IM RECHT*], aberta diariamente das 9 às 18 horas, além disso, disponível 24 horas (via secretária eletrônica). Não é um grupo de autoajuda, nem uma aliança de defesa de pacientes, nem um refúgio, nem eutanásia, nem uma associação dos direitos senhoriais humanos, mas: a única **organização pró-doença**. Doença no Direito [*Krankheit im Recht*] faz com que a **doença** se estabeleça como e no direito.

Note-se: O que DOENÇA NO DIREITO [*KRANKHEIT IM RECHT*] é hoje já era naquela época o SPK, instância por instância. Naquela época, o SPK também já não tinha patopraticado "taticamente" toda instância, com bastante frequência assim de modo totalmente antecipado e de passagem? Vide! Portanto, de que lado estava e está respectivamente o K.O.tico? Em todo caso, não do lado do SPK/PF(H).

Entrevista de rádio com KRANKHEIT IM RECHT [DOENÇA NO DIREITO], transmitida no dia 11 abr. 1995

1. Quais pessoas vêm até vocês?
Em primeiro lugar o seguinte:
A doença é na realidade, e também segundo nossas experiências, o fato mais odiado. E, se isso estiver certo, então isso significa que o vínculo pessoal a esse fato é o mais forte, suposto que o ódio-amor é ainda assim um dos vínculos mais fortes, embora enfraquecido pelo dilema que já está manifesto na palavra "ódio-amor". E às vezes temos a impressão de que justamente os assim chamados homens políticos são especialistas declarados, para não dizer fanáticos, em relação ao ódio contra a doença, o qual encaixa também com muito amor fingido aos pacientes. Exemplo: ninguém faz uma canção, música ou apenas uma rima sobre a doença a não ser nós mesmos. Para todo acontecimento, todo fato, uma canção adequada ou inadequada é possível, feita por outros, sobre outros em geral, e também sobre a doença, a saber, por nós mesmos. Caso contrário, o cantor também se cala, exatamente sobre a doença, como dito. Aqui, agora música feita por nós sobre e para a doença.[88]

E agora sobre a sua pergunta, quais pessoas vêm até nós?
Todos vêm até nós, e essa já é uma primeira diferença em relação a uma clínica, a um consultório: lá é primeiro classificado, separado e selecionado se alguém é adequado e atendido.

Ao contrário disso, conosco: aqui está a jovem mulher que quer sair de seu contrato de filme pornô; depois o anarquista do Centro da Juventude auto-organizado, mas também o velho stalinista e bolchevique que não consegue avançar sozinho na escrita de panfletos, que, além disso, deve sair de seu apartamento e quer conseguir que a foice e o martelo sejam colocados sobre sua lápide quando chegar o momento; depois um recém-apaixonado com a namorada de 16 anos e perguntas sobre sexualidade; homens e mulheres devido ao divórcio, e pedidos de informação de ecologistas e pessoas de grupos em cana que não sabem como se ajudar. E obviamente aqueles que têm de lidar com médicos, seja de qual seção for, e têm problemas com eles, e nos perguntam o que podem fazer contra esses médicos.

Quem **não** vem: médicos, terapeutas. Mas, por exemplo, das clínicas vêm até nós pacientes que receberam o endereço em segredo dos médicos lá, mas que não querem ser nomeados.

Os atacados, e esses são em primeiro lugar os médicos, por exemplo em clínicas e manicômios [*HEILanstalten*], que obviamente procuram nos eliminar de tempos em tempos. Levamos diante do tribunal os enfermeiros que afirmam de DOENÇA NO DIREITO [*KRANKHEIT IM RECHT*] que se trata de um escritório de advocacia proibido. E utilizamos em geral os tribunais contra os médicos. Por isso: DOENÇA NO DIREITO, patoprática com juristas [*KRANKHEIT IM RECHT, Pathopraktik mit Juristen*].

Quem vem até nós – nós, com frequência a última estação, quando todo o resto não era nada –, portanto, quem vem até nós já tomou uma decisão prévia de não querer terapia e tratamento, portanto, totalmente assim como aqueles que vieram para o SPK em 1970/71 haviam-se decidido de antemão. O fato de não sermos um grupo de autoajuda, uma aliança de defesa dos pacientes, uma associação de eutanásia é suficientemente bem conhecido.

Nesse meio-tempo há nós nessa forma organizatória como DOENÇA NO DIREITO [*KRANKHEIT IM RECHT*], aqui em Mannheim, há 10 anos, como parte da Frente de Pacientes baseada no Coletivo Socialista de Pacientes, que faz 25 anos neste ano, na verdade, 30 anos, para ser exato. O SPK só existe como **SPK na FRENTE DE PACIENTES.** E quem pensa no SPK tem imediatamente em mente Wolfgang Huber, que fez e fundou o todo, que tem 60 anos este ano, e sem o qual não haveria tudo isso –. DOENÇA NO DIREITO [*KRANKHEIT IM RECHT*] também existe em outros lugares, o respectivo marco organizatório é diferente.

Bom, tudo isso para a introdução.

2. Que tipo de problemas têm as pessoas que vêm até vocês?

Muito já se ouviu da dita "paralisia da justiça", mas talvez até aqui seja muito pouco conhecido que há, nesse meio-tempo, uma paralisia, uma bancarrota da terapia. Não há nenhuma cura [*Heilung*], não há nenhuma salvação [*Heil*]. Vocês mesmos podem citar as provas disso: vocês vêm para a clínica e saem dela com SIDA devido às conservas de sangue contaminado; se vocês, jovens, vivem a algumas centenas de quilômetros de distância daqui, vocês retornam do médico e têm um rim a menos. E o fato de vocês e eu sermos a escória do ponto de vista dos médicos evidencia-se o mais tardar quando o novo homem é criado em escala de massa, então o fedor atômico, o buraco de ozônio, todos os venenos e toda exploração exacerbada não poderá fazer mais nenhum mal a ele, segundo dizem, que ele poderá então aguentar isso. Pessoas como vocês e eu só podem ficar de fora do ponto de vista dos médicos.

O fato de muitas coisas correrem mal, e a SIDA é apenas um início fraco de epidemias ainda totalmente diferentes, isso vem "naturalmente", ou seja, vem sob a responsabilidade médica, além disso.

3. O que é transmitido por vocês nas conversas de aconselhamento?
Bem, você diz "aconselhamento", nós temos aqui expressões como: rompimento-abrimento-do-problema. Os problemas só podem ser resolvidos pelo fato de serem primeiramente rompidos e abertos. As contradições que estão contidas neles, os diferentes contextos que se ocultam neles, devem ser primeiramente descobertos e evidenciados para serem trabalhados. Nós aplicamos o conceito de doença a tudo com seus momentos: alienação, trabalho assalariado, cópula de si [*Selbstbegattung*], capitalismo, processo revolucionário. Aplicar tudo à doença, aplicar a doença a tudo: isso é – para usar uma palavra nossa – patoprática. Nenhuma terapia, mas agitação, e disso faz parte: saber eficaz, para isso dizemos diapática.

Em todo caso, o resultado do rompimento-abrimento-do-problema é: uma decisão. Quem estava conosco sabe depois a que se ater consigo mesmo – e conosco –, se quer ou não se defender. O que é importante: aprender a defender a si mesmo, tomar em suas próprias mãos as questões. Aqui está, por exemplo, um ex-paciente psiquiátrico que não deu certo na escola. Hoje, depois de alguns anos de luta comum, nós e ele contra os médicos que cuidaram de sua mãe no lar para idosos na morte, ele próprio consegue representar suas causas diante de autoridades e tribunal sem nós e também sem advogado – e ele ganha contra eles! Nesse meio-tempo, ele também aconselha outros sobre o que podem fazer.

Como conseguimos isso: desde há 25 anos toda quantidade de experiências das pessoas mais diferentes, iniciando com os 500 no SPK, até hoje, junto de todos aqueles que se juntam a nós diariamente, experiências documentadas a partir de todos os campos da vida, mais o necessário para conseguir juntar tudo isso na cabeça, a teoria que engloba tudo isso, o conceito da doença. Assim resulta o saber eficaz, todo um acervo ao longo do tempo. Além disso, também contamos com certificações em todos os setores e campos, mesmo universitárias. É sempre bom quando se conhece o território inimigo.

E de fato está claro que, conosco, se conversa sobre questões que nunca se tratam em outros lugares, nem na família, nem no trabalho, nem na escola e já de modo algum no médico.

O público, o jornal, somos nós mesmos e quem vem até nós. As mídias são as próprias pessoas, todo o resto é cortina de fumaça.

4. Como é o desenvolvimento teórico de vocês?

Nossa teoria da revolução nova em virtude da doença está pronta e coerente, ela existe desde o SPK, e a prática correspondente também desde então. E o que vem de modo crescente ao nosso encontro é a realidade. Nossa fórmula-SPK, por exemplo, da identidade entre doença e capitalismo, a saber, que tudo é devorado pelo lucro que se propaga e prolifera exatamente como o câncer e outros, daí você pode ir hoje em dia para o Japão, para a Califórnia ou para a Itália, e todos sabem dela. Portanto, SPK no mundo inteiro. Entretanto, nossos textos também estão traduzidos no mundo inteiro. Além disso, para nós "teoria" e "prática" não estão separadas. Como dito antes: sem saber eficaz, nada funciona de modo algum.

5. O que motiva o trabalho de vocês?

"Motivação", "motivação" vem do fundo do baú da psicologia, com ela você não consegue entender nada, mas já está claro o que você quer dizer. De modo totalmente geral, trata-se, para nós, de promover transformações **práticas** em todas as pessoas, coisas e relações com as quais entramos em contato, tal como já há anos em e entre nós mesmos. Se isso é feito, então isso produz melhor doença, isso produz – para usar expressões correntes – melhores hormônios e endorfinas, também melhores estados de imunidade e êxtase. A solução do problema das drogas também está contida aí.

Além disso, atualmente para nós, como para todos os outros também, se põe assim a questão: doença ou morte? Dito de outro modo: ou a doença como espécie para criar a espécie humana ou os especialistas médicos destroem a espécie antes de ela existir. Aqui há, por um lado, a Frente de Pacientes e, por outro, o que se poderia chamar de Frente de SAÚDE-SALVAÇÃO [*HEILsfront*]. A doença não é exatamente sofrimento, mas está aí para se fazer algo dela. Se hoje o futuro está em alguma coisa, então esta é a doença, a doença com sua referência à espécie humana que ainda tem de ser feita. Não somos moscas e camundongos que já estão completos e acabados em seu desenvolvimento. Mas os médicos estão de fato empenhados em também acabar com a humanidade, destruir a espécie antes de ela existir. Portanto, há muito o que fazer, e de fato imediatamente. Portanto: pacientes com referência à espécie contra os idiotas especialistas de todo tipo.

6. Que imagem [*Bild*] vocês têm da doença?

Aqui é preciso distinguir entre as ditas síndromes da doença (quadros clínicos [*Krankheitsbilder*]), tal como classificadas, por exemplo, pelos médicos no código internacional de diagnósticos, e um **conceito de doença**. Nós temos um conceito de doença. Os médicos, não.

A doença torna possível superar a carência, hoje, imediatamente, a qualquer momento. O que é importante: a doença não deve mais ser uma questão da pessoa isolada [*Einzelnen*], mas, em vez disso, da espécie humana. Por isso também nenhum diagnóstico do caso isolado, mas a doença como indicação e indício daquilo que está faltando, a falta da espécie [*Ausstand der Gattung*], a doença ao mesmo tempo também já é a antecipação da espécie.

Espécie – isso soa inicialmente inabitual para alguns, pensa-se na biologia, na cópula, portanto algo produtivo, nasce algo novo, uma criança, por exemplo. Mas considere simplesmente a expressão espécie-humana primeiramente como indicação e indício de que o homem não está acabado tal como existe hoje – diferentemente dos animais. Justamente porque, diferentemente dos animais, não estamos fixados, então podemos fazer algo da doença, em primeiro lugar e acima de tudo, desenvolver uma relação com a doença. Num primeiro momento, absolutamente ninguém tem de fato uma relação com a doença, a não ser uma relação de fuga: acima de tudo fora com ela. **Mas é a vez:** não mais as muitas doenças singulares dos isolados, em vez disso a doença de todos.

Por espécie humana não se deve pensar imediatamente nos 6 bilhões no mundo. Do ponto de vista conceitual-filosófico, a espécie não é simples e quantitativamente a soma total de todos os homens vivos numa dada época. Espécie é um conceito qualitativo que engloba uma unidade da diversidade, uma unidade da multiplicidade. Aqui existem formas prévias e estágios intermediários. Conosco, isso assume formas reais em cada um [*im Einzelnen*]. Doença é o critério de até onde se avançou para abolir as separações entre uns e outros. E, mesmo se isso correr mal, continuamos com a doença. O que é certo é que nós assumimos essa tarefa. Quem mais? Não sabemos. Já não mais tão poucos, como sabemos em parte, esperamos em parte, todos a partir da doença, com e sem revolução mundial como profissão de fé da boca para fora e como obstáculo [*Weltrevolution als Lippen- und Klippenbekenntnis*].

E também já escrevemos muitas coisas, disponíveis na Editora KRRIM, que por isso também se chama PF-Editora **para** Doença.

Mais uma vez de modo claro e nítido, o novo:
trata-se da doença – e não tem nada a ver com médicos, nada a ver com terapia, tampouco com medicina alternativa, mas:

1. **Os próprios pacientes, o povo internacional de pacientes, a classe de pacientes**
2. **coletivamente**
3. **A referência e relação ao futuro através da doença, como indício e sinal estava mencionada a espécie humana, e já começa hoje.**

O principal: fazer!
É a vez de contrapor uma Frente de Pacientes correspondente contra a classe dos médicos, contra a Frente de SAÚDE-SALVAÇÃO [*HEILsfront*].

Sobre a questão: o que significa tudo isso praticamente, patopraticamente?

Protocolo de ação de uma semana qualquer dos 31 anos de DOENÇA NO DIREITO [*KRANKHEIT IM RECHT*] (contatos telefônicos, por carta e pessoal *in loco*):

Ações no sentido de Huber, nunca em sua presença, portanto diferentes (?) do que no SPK original. Observe: esse sentido significa ser radical, isto é, no fazer e no falar, penetrar nas raízes das coisas e seus fundamentos (agitação que esclarece as diferenças no fazer e no falar), nos quais a realidade atual sob a dominação da classe médica talvez seja o maior radicalismo, totalitarismo e terrorismo, que nomeia a si mesmo "democracia" (cf. Iatrodemocracia [*Iatro-Demokratie*], ver *Números e supernumerários* [*Zahlen und Überzählige*]). Todo o resto não é sentido, mas absurdo inútil e prejudicial.

1. Homem, 38 anos, especialista em eletrônica e inventor, ouve "vozes" do computador, por isso e devido a atividades políticas atípicas e inusitadas, perseguido pela psiquiatria. Discussão sobre a diferença entre a FRENTE DE PACIENTES (PF) e os ditos grupos de autoajuda. Para ele, o que importa antes de tudo aqui: a PF é produtiva, diz o que se deve fazer, totalmente diferente do aparente estar contra isto e aquilo, meramente crítico-verbal-passivo da dita esquerda. Ele próprio quer fazer KRANKHEIT IM RECHT, organizar um ponto de encontro.
2. Comerciante industrial, 36 anos, muitos anos tratado com envenenamento (drogas médicas), tentativa de suicídio por culpa dos médicos, a) ele gostaria de colaborar ("voluntariado") no KRANKHEIT IM RECHT, ele próprio procura pessoas com nossa ajuda, ou seja, traz consigo conhecidos para KRANKHEIT IM RECHT. Finalidade: que continuem juntos autonomamente com base no ouvido aqui;
   b) organizou conosco uma assistência para um conhecido, que conheceu casualmente na psiquiatria, para uma audiência no tribunal civil devido à conta no veterinário (mordida de cachorro).

3. Pergunta de uma mulher devido a uma manifestação de velas contra os nazistas. No KRANKHEIT IM RECHT, ataque diário não só contra o "nazismo", mas contra seu fundamento e sua base médicos. Elucidamos a diferença entre nazistas e fascistas.
4. Homem, 45 anos, lesão craniocerebral num acidente de trabalho, está à espera de um perito médico (relativo à aposentadoria) há 15 anos (!). Atualmente ainda há assédio por parte da ferroviária federal: primeiro, venderam-lhe uma passagem falsa e depois ainda foi denunciado por uso de transporte público sem pagar passagem. Ajuda para expressar seu protesto vindo da doença e sua resistência: queixa feita em conjunto conosco dirigida à autoridade competente (17 páginas) e contra-queixa-criminal contra a ferroviária federal por enganar as autoridades, desperdício do dinheiro de impostos, perseguição de inocentes etc.
5. Homem, 37 anos, recém-divorciado, profissionalmente autônomo. Há anos é importunado com cartas de advogados e citações do tribunal para a devolução de ferramentas (supostamente) entregues a ele. Devido a uma preparação ativadora da doença, ele está em condição de superar o medo diante do tribunal e de contestar autonomamente a audiência, acompanhado por um conselheiro-de-doença [*Beistand im Krankheitswesen*] na sala de audiências, caso apoio seja necessário. Entretanto, ganhou tudo.
6. Mulher, 29 anos, na psiquiatria por desavença com os pais. Seu noivo com um documento legal criado e testado por KRANKHEIT IM RECHT (conselheiro-de-doença)[89] obriga por ordem provisória do tribunal a anulação [*Aufhebung*] da proibição médica de visita contra ele (pano de fundo: utilização do poder psiquiátrico por motivos político-feministas por parte das médicas do hospital psiquiátrico). O noivo quer organizar em seu local de residência uma "filial" de KRANKHEIT IM RECHT e iniciar-se nisso.
7. Homem, 75 anos, ex-policial e porteiro num abrigo infantil. Tínhamos que esclarecer a pergunta: deve ser cobrada uma dívida pendente via oficial de justiça, apenas para vingar-se da devedora, para penalizá-la desse modo? Pano de fundo da discussão: carência causada pelos médicos e, com isso, os oprimidos lutando uns contra os outros. Trata-se de agir contra os responsáveis e causadores.

8. Especialista em computação, 39 anos, constata esgotamento corporal geral depois de duas horas de leitura de um texto estudantil escrito contra o SPK. Concebido como protesto contra o círculo universitário politicamente cretino que não quebra sequer um único significante da dominação, ao contrário, colabora com o imperialismo cerebral com efeitos que repercutem até no corpo.
9. Estudante de doutorado, 32 anos, vem devido a: a) problemas nos olhos, b) o dentista recusa o tratamento e a encaminha para o psiquiatra, c) em discussões com o professor ela é exposta a arbitrariedades pérfidas. Ela quer inverter a interiorização reacionária dos problemas em ataque e ativar em si o momento revolucionário da doença.
10. Estudante, 30 anos, criando sozinho dois filhos, está fazendo sua tese sobre o SPK, sob pressão temporal e econômica, tem problemas com a abundância de material sobre o SPK/PF, do qual muito simplesmente não é conhecido por ele. Discutimos com ele como ajudar e facilitar o trabalho.
11. Carteiro: questões sobre manifestações com velas e nazistas no cotidiano.
12. Professora, 50 anos, com sequelas de malária depois de atividade no exterior, quer entrar imediatamente para KRANKHEIT IM RECHT. Confrontada com as soluções e as problemáticas fundamentais que estão na origem delas, ela está impressionada pela força concentrada da doença (reacionária/revolucionária). Consequência: primeiro de tudo ela se familiariza com os fundamentos (conceito de doença do SPK/PF).
13. Mulher, 40 anos, a cada duas semanas injeção de neurotoxinas ("efeito prolongado") com ameaça médica de que, em caso de recusa, deve ser novamente internada na psiquiatria. Através do novo livro do SPK/PF/Huber, *Sobre o começar* [***Über das Anfangen***], ela constatou com alegria que ainda consegue de fato ler e entender, apesar do bombardeio mais intenso dos psicofármacos. Com isso, recuperou o ânimo para organizar pessoas (pacientes também) de um grupo de autoajuda da igreja para começar o ataque aos médicos.

14. Paciente no estrangeiro, 57 anos, contato de muitos anos. Por motivos atuais, nomeamos seus atos por seu nome: intriga e colaboração com líderes de grupos de autoajuda e exploradores de pacientes. Por isso ela interrompeu o contato por ora.
15. Indicações de apoio numa auditoria fiscal corrente.
16. Fizemos com que um marido vivendo separado esteja ao alcance do correio para que o divórcio desejado por ele possa ir adiante. Nesse meio-tempo, problema com álcool resolvido.
17. Aconselhamos um advogado sobre o direito obviamente existente à consulta dos registros e dos autos do tribunal também para pacientes. Finalidade: recusa e resistência contra as invectivas por parte de uma juíza assustada, que não tem nenhum conhecimento de causa. Uma paciente a havia contatado diretamente – que susto, que horror! – e justamente isso teria de ter sido impedido pelo advogado, segundo a opinião da juíza mencionada. Sim, sempre acontece ainda de que o direito, dos que procuram o direito, é negado precisamente por juristas que deveriam realmente saber que coisa semelhante é punível (justiça criminal).
18. Mesa de livros com escritos da doença do SPK e da PF preparada como acordado com uma livraria contra um evento de hipócritas sociais [assistentes sociais] de esquerda. Com respeito a isso, artimanhas de sabotagem de uma outra livraria contra os pacientes e leitores interessados. Conta ainda pendente.
19. Uma paciente de quem havíamos nos separado (mais nenhuma colaboração possível, visto que ela confunde amigos com inimigos) envia outros pacientes à KRANKHEIT IM RECHT. Anteriormente: havíamos organizado juntos sua alta do hospital psiquiátrico estatal, incluindo moradia, trabalho e tendo também de resolver um problema com álcool no círculo de amigos.
20. Explicamos a alguém da "Associação Geral dos Pacientes" a distinção entre o SPK e a PF, de um lado, e casa de refúgio, aliança de proteção dos pacientes, grupos de autoajuda etc., do outro lado. Nós, a única organização **pró**-doença. Diferença entre Huber (SPK/PF) e um médico. Mais nenhuma pergunta.
21. Respondemos às questões sobre o direito à água no sul da Europa.

22. Discussão com um historiador sobre o novo livro do SPK/PF/Huber, *Sobre o começar* [***Über das Anfangen***]. O comentário dele: "Depois da leitura do livro, sei agora que me deixei ludibriar pelas falsas apresentações da esquerda, quando eu partia de uma identidade, ou seja, paralelismo entre o movimento estudantil e o SPK. Mas essa relação não existe, como estou vendo agora".
23. Mulher, 49 anos, problemas no casamento, vizinhos em seu povoado a perseguem, dão a entender a ela que em pouco tempo ela iria para o manicômio. Tentativa de suicídio com secador de cabelo na banheira. Indicações astropáticas orientadoras sobre a característica específica de seu local de residência e a tendência crescente daí derivada para o exagero e carga emocional excessiva em relação aos acontecimentos cotidianos entre os moradores locais. Isso como orientação patoprática para lidar melhor cotidianamente com a hostilidade. Em consequência disso, a mudança passageira de residência a ajudou a sair da crise.
24. Contra diagnósticos clínicos, esclarecemos com os meios da astropatia[(90)] que não é o agravamento do "câncer" diagnosticado pelos médicos que dificultou a respiração de um paciente de 85 anos (não era o Honecker da RDA!). Pano de fundo: médicos insistem em bombardeio radioativo em série, como de costume.
25. Requerimento de um paciente, desde um HEILmanicômio muito distante, por apoio contra o terror médico de encarceramento e injeções.

Esporadicamente ajudamos também crianças e netos com sequelas medicinais, dificuldades escolares, lugar de aprendizagem, cartas de amizade (em língua estrangeira), serviços públicos etc.

Repare: isso não é uma publicidade. Quem não quiser não deve vir.
De todo modo, já pagamos regularmente o preço, também em dinheiro.
Trabalho social? *Street work?* Casos borderline?

Não, de modo algum:

Desde seu início até hoje e no futuro, o SPK/PF(H) estava e está empenhado em promover transformações **práticas** em todas as pessoas, coisas e relações com as quais entra em contato "por acaso".

Nesse sentido, escrever livros, eventos artísticos ou outros não têm nenhuma utilidade antes que essas transformações práticas sejam **feitas** e antes que se efetuem essas transformações práticas naquele e naqueles com quem as ditas transformações na práxis e experiência têm a ver. Além disso, o SPK/PF(H) tem de comunicar que o trabalho revolucionário, tal como está descrito nas páginas acima, não produz apenas uma melhor doença, melhores hormônios e endorfinas, mas também melhores estados de êxtase e imunidade dos que podem produzir os melhores alimentos & drogas (*food & drug & company*).

Há alguns anos, o SPK/PF(H) afirmou que seu objetivo revolucionário foi alcançado: sua realidade efetiva é permanentemente liberada de influências médicas e nazistas, elas são substituídas por aquilo que o SPK/PF(H) chama **utopatia**.

Se seus desejos também estão dirigidos para transformações práticas: olhe ao seu redor e faça isso você mesmo.

Comunicado de Krankheit im Recht, outubro de 2016

Se vocês precisarem de informações autênticas sobre o SPK, nesse número de telefone vocês estão verdadeiramente no único lugar autorizado para isso: **SPK/PF(H), Doença no Direito, patoprática com juristas [*Krankheit im Recht, Pathopraktik mit Juristen*].**

Por outro lado, comunicamos que, depois de 31 anos de atividade bem-sucedida, KRANKHEIT IM RECHT não existe mais em sua forma de até agora. A parte da Frente de Pacientes que fazia até agora KRANKHEIT IM RECHT continua ativa na Frente de Pacientes.

Todos que se dirigem até nós devem, portanto, agir ativamente pró-doença em causa própria, fazendo de seus familiares e conhecidos representantes em matéria de doença. Todos podem consultar como isso é feito em nosso jornal eletrônico [*Stromzeitung*]: www.spkpfh.de.

KRANKHEIT IM RECHT continua sendo o lugar de contato público para assuntos sobre o SPK em todo o mundo.

Muito obrigado por seu telefonema.

Sem a Frente de Pacientes não haveria mais nenhum texto do SPK para ler. **KRRIM – PF-Editora para Doença** (Caixa postal 12 10 41, 68061 Mannheim, Alemanha), fundada em setembro de 1986, publica os escritos da doença do SPK e da FRENTE DE PACIENTES, assim como traduções nas línguas estrangeiras mais usadas – dos documentos originais dos primeiros dias passando pelas exposições filosófico-sistemáticas elaboradas por HUBER (SPK/PF) WD, dr. méd., na prisão, assim como algumas das conferências feitas em congressos internacionais ao longo dos anos desde 1976; assim como outros livros do SPK/PF(H). Nesse meio-tempo, existe ao todo mais de **meia centena de publicações, ver o índice dos escritos da doença em www.spkpfh.de**.

Por que escritos da doença? Em geral, não escrevemos "livros", nada a favor, nada contra. Eles não devem ser nem mesmo "relatos de experiência". Sim, **também** escrevemos livros, mas somente sobre como nós, SPK/PF(H) e as unidades SPK/PF EMF, enfrentamos toda a merda do real iatrocapitalismo, como nos libertamos dele.

Escritos da doença (uma seleção):

- *SPK – Aus der Krankheit eine Waffe machen*
  [SPK – Fazer da doença uma arma]
- *SPK – Dokumentationen I – IV* (1970 bis 1990)
  [SPK – Documentações I – IV (1970 até 1990)]
- *Patientenfront: Krankheit die Ganzheit mit Zukunft. Ansätze zur Pathopraktik, Diapathik und Utopathie der Revolution in der Neuro-Revolution*
  [Frente de Pacientes: Doença, a totalidade com futuro. Enfoques sobre patoprática, diapática e utopatia da revolução na neuro-revolução]
- SPK/PF/Huber: *Über das Anfangen. Zur Vorgeschichte des Sozialistischen Patientenkollektiv (1970) und der Patientenfront (1973)*
  [Sobre o começar. Sobre a pré-história do Coletivo Socialista de Pacientes (1970) e da Frente de Pacientes (1973)].
- SPK/PF(H): *Utopathie vorweg a) Zukunftsmusik b) Gattungsgegenwart*
  [Utopatia antecipada a) música do futuro, b) presente da espécie].
- *Geschichte der Patientenfront. Grundgipfellagiges, Ergänzendes, Frakturen*
  [História da Frente de Pacientes. *Fundamentos-cumes*, complementos, fraturas].
- *SPK Indeed – What the SPK really did and said*
  [SPK de fato – O que o SPK realmente fez e disse].

Além disso, desde 1998 existe a página na internet do SPK/PF(H) – nós a chamamos jornal eletrônico [*Stromzeitung*] –, com mais de 1.300 publicações eletrônicas nesse meio-tempo nas línguas mais importantes do mundo, publicações e não apenas os poucos folhetos que o prof. von BAEYER havia tentado sufocar outrora (agosto de 1969, ver quadro cronológico) ao oferecer a HUBER chances de tornar-se um tipo como ele (presidente da Associação Mundial de Psiquiatria, assim como psiquiatra militar e o que mais). Sem nem mesmo falar do diretor administrativo das clínicas da universidade que, alguns dias antes do início do SPK, oficialmente, mas em segredo, havia oferecido a HUBER 7 meses de salário para conseguir que HUBER parasse com seus ataques e deixasse Heidelberg o mais rápido possível.

Post scriptum (HUBER):

Até o dia de hoje não li uma única palavra das sentenças judiciais e medicinais contra mim. O que sei a respeito, principalmente através de publicações de esquerda, mas também de outras, não tem a menor referência à doença, à qual se referiam minha ação e pensamento desde os primeiros começos dos contextos aqui mencionados. Portanto:
Nenhuma referência à doença, merda policial.

Fiquei sabendo por meio desses jornalistas, por exemplo, que fomos condenados por "ação revolucionária planejada" (*nota benissime*!). Como se pode ver, nessa fórmula está totalmente ausente a palavra doença, tanto como fato básico, material e fundamental quanto como o objetivo. Eles a substituíram pela "Ordem constitucional da República Federal da Alemanha", na qual a palavra doença também está ausente. Consequentemente:
Nenhuma referência à doença, merda policial.

Dessas publicações também me lembro de que, agora – dito com minhas próprias palavras –, eu era um bandido-chefe, especialista em bombas e falsificador de passaportes. Verdadeiro ou falso e sem contar toda modéstia exigível, até hoje reconheço que fiz sempre tudo que me era possível e impossível para fazer avançar e proteger a doença, assim como tudo que se relacionava coletiva, objetiva e materialmente com a doença. Porém, nas classificações mencionadas, das quais eu mesmo gosto de fazer uso quando há ocasião para isso, também está faltando toda referência à doença. Consequentemente:
Nenhuma referência à doença, merda policial.

Evidentemente da doença nasceram nossos círculos de trabalho sobre crime-guerrilha e até mesmo sobre sexo mágico (sobre guerrilha urbana, sexualidade etc.), círculos de trabalho revolucionários, porque não eram de nenhum modo terapêuticos, de nenhum modo recomendáveis do ponto de vista médico, sem falar do ponto de vista higiênico. Mas parece que aqueles jornalistas, quando escreviam sobre nós, praticavam em sua maioria círculos de trabalho sobre bebidas alcoólicas e drogas, os quais tinham surgido daquilo que é permitido e até mesmo recomendado pelos médicos. E, como havia uma grande carência de bebidas alcoólicas e drogas no SPK, pois estas não convinham de modo algum ao nosso conceito de doença, sexo & crime permanecem, tal como estão associados à doença até os dias de hoje, sem nenhuma referência à doença, permanecem merda policial.

É verdade que até mesmo o exército dos Estados Unidos e o exército OTAN-alemão obviamente, haviam enviado representantes aos gabinetes de crise quando as perseguições e inquéritos haviam começado. Será que atraídos pela doença tal como ela existia no "círculo de trabalho fototécnico" ou atraídos por outros fetiches, mais parecidos com eles mesmos do que com a doença? Muito difícil! Pois eles se retiraram o mais rápido possível, tal como me lembro de acordo com os apontamentos de alguns jornalistas mencionados antes. Consequentemente: nenhuma referência à doença, merda policial, com respeito à doença e a toda a nossa ação e pensamento até os dias de hoje.

Quem publica sobre o SPK tem nas 5 últimas seções o teste em mãos sobre quão profundamente ele próprio está ainda ou novamente envolvido com a merda policial, ou já está assim de algum modo à altura do tempo, graças ao SPK, décadas depois.

Nossa teoria da revolução (esboço)

Pró-doença é o princípio, guerra contra os médicos é o principal ponto estratégico, sem o qual jamais pode haver um fim da opressão e um início da liberação em nenhum movimento de liberação, em nenhum!, jamais pode haver nenhuma utopatia, ou seja: jamais uma espécie humana.

Portanto, tudo de uma só peça, a saber, princípio, método, objetivo. Chamamos isso diapática porque ela é uma dialética materialista, pela primeira vez uma dialética materialista, materialista porque está preestabelecida na matéria da dinâmica da doença, a espécie humana **a ser criada** é o campo energético de tensão pertencente a ela, a força da doença é o agente catalisador [*Agens*] que se realiza e opera ali, reconhecível em suas influências e efeitos que produzem a nova realidade e fazem a realidade existente voar pelos ares. Essa é nossa teoria da revolução.

E a práxis, a patoprática? Apesar de toda a nossa diversidade, já estamos todos há muito tempo unidos uns aos outros do modo mais estreito, ao menos tão estreito e íntimo quanto a doença a cada um de nós. Essa é a força de ligação e união mais forte. Quem tenta a separação experimentará isso.

O segredo da doença é a espécie humana.

Cada um traz consigo a doença singular para que a partir dela seja criada a espécie humana.

Mas os médicos reforçam a doença singular para transformá-la em dinheiro.

A revolução é força da doença, caso contrário não foi nem uma nem outra.

SPK/PF(H)

O que a força da doença tem a ver com revolucionários de profissão com e sem aspas?

Nós escrevemos a seguinte carta primeiramente em francês, mais precisamente no dia 12 jun. 1996, de DOENÇA NO DIREITO [*KRANKHEIT IM RECHT*] para o grupo francês Frente dos Espartaquistas, que nos apoia há muito tempo na distribuição de nossos livros na França.

Independentemente dos novos espartaquistas franceses, na Europa também existem ainda espartaquistas dos anos 1920. Tais como os espartaquistas de hoje na França, eles também se entendiam e se entendem como anticapitalistas. Mais do que isso: até mesmo os velhos nos entendem. Uma mulher nos deixou a seguinte comunicação no dia 20 mai. 1996: "Wolfgang [SPK/PF(H)] não apenas desenvolveu mais Marx e Engels; com isso a luta contra o capitalismo adquiria mais mordacidade, com isso a luta anticapitalista finalmente ganhava dentes".

Essa mulher esteve em um campo de concentração (*KZ*). Apesar da idade avançada, sua atividade nos comitês dos campos de concentração lhe deu um novo ânimo, desde que conheceu através de nós os verdadeiros causadores do regime nazista, a saber, a classe dos médicos como causadores de sua participação à época na luta armada e a catástrofe da revolta fracassada dos espartaquistas.

Outros conteúdos, outras preocupações? Isso só parece assim à primeira vista. Em todo caso, as necessidades ainda são sempre as mesmas, se não cresceram até mesmo de modo intenso.

Ora a retroversão de nossa carta para os espartaquistas franceses de hoje.

PF/SPK(H)
DOENÇA NO DIREITO
[*KRANKHEIT IM RECHT*]
PATOPRÁTICA COM JURISTAS
Mannheim, Alemanha

16 de junho de 1996

Queridos camaradas, querido M.,

Como ficamos sabendo, a livraria parisiense Parallèles vendeu nesse meio-tempo todos os 5 exemplares de SPK – Fazer da doença uma arma.[91] *Então seria muito útil se vocês pudessem levar para eles outros 5 exemplares, novamente com a conta, como da última vez. Muito obrigado!*

Junto vocês encontram um folheto informativo sobre os textos do SPK e da PF em italiano feito pelo distribuidor de livros ZAMBON – apenas no caso de vocês conhecerem camaradas na Itália que vocês talvez queiram informar.

Adicionalmente lhes enviamos as conclusões sobre o SPK/PF(H)[92] *contidas na* ASSEMBLEA *e* INVARIANTI *desde 1984. Apenas o presente texto nessa forma (resumo) é de Wolfgang Huber, e o distribuidor de livros mencionado, ZAMBON, o havia solicitado de nós. Um de vocês tinha oferecido traduzir esse texto para o francês. Então, por favor, enviem-nos novamente essa tradução, por fax ou como carta.*

Esse texto pode vos ajudar a entender de modo mais preciso a diferença que existe entre o SPK/PF(H) e grupos que sempre de novo estão, por exemplo, à procura da literatura (entre outras, também a nossa!) que torna possível "a junção entre marxismo e psicanálise" e mais coisas semelhantes, mas se trata de grupos que não querem ter nada a ver com a doença revolucionária, e menos com o desenvolvimento contínuo do marxismo, ou seja, aquilo que eles chamam assim e, portanto, muito menos ainda quebrar o mito da psicanálise, um mito que não tem absolutamente nada a ver com algo revolucionário, nem sequer de acordo com a sua intenção na medida em que até mesmo um Wilhelm Reich proibiu de atacar a medicina, sem falar de um Freud, de C. G. Jung, de Fromm etc. Da mesma forma, os "antipsiquiatras" são sempre e nada mais do que psiquiatras. Por exemplo, Laing, que defen-

deu durante toda a vida seu status de psiquiatra, por exemplo, um Szasz, também um "antipsiquiatra" famoso que realmente não é contra a psiquiatria de nenhum modo, muito menos contra a medicina. Aquilo pelo que ele "luta" de fato é pela liberdade (iatrocapitalista) de fazer disparates, e aquilo contra o que ele está de fato lutando, assim, é contra a classe revolucionária dos pacientes.

Um americano escreveu que o SPK/PF(H) também escreveu livros, e mais livros e mais importantes do que todos esses outros, mas a diferença é que o SPK/PF(H) ***primeiro fez e faz*** *o que precisa ser feito, e para isso também escreve, totalmente ao contrário dos outros nos quais o fazer é omitido sem substituto. Essa é a diferença. Os outros publicaram seus livros contra a sociedade, e permaneceram sentados lá em seus cabinets (cabinet francês para consultório e cagatório) e permaneceram sentados em seus postinhos (profession), eloquentes e em parte até mesmo fazendo queixas quase enfáticas sobre a sociedade doente e pobre que simplesmente produz doentes e pobres. Mas unicamente o SPK/PF(H) rompeu com essa sociedade e libertou-se dessa sociedade iatrocapitalista. O SPK/PF(H) ultrapassou e deixou essa sociedade para trás, jogando-a no abismo. Mesmo se foi apenas o SPK/PF(H) que conseguiu isso, ele não se deixou desencaminhar nem pela direita, nem pela esquerda. (Tanto quanto o americano, e ainda voltaremos outra vez a ele.)*

Para nós mesmos, nossos escritos permanecem a ferramenta com a qual mantemos aquilo que já alcançamos, e com a qual destroçamos a classe dominante. Para os leitores, seria uma pena se eles não conseguissem ver neles mais do que livros de leitura de esquerda. Quem quiser apenas livros de leitura tem abundantemente a oportunidade de se servir, por exemplo, da obra completa de Jacques Lacan (os estudantes se queixavam constantemente de que os livros altamente complicados de Jacques Lacan são simplesmente incompreensíveis demais. Ele próprio era tão vaidoso que declarava toda lista de assinaturas como nula e sem valor se aqueles que reuniam as assinaturas tivessem se esquecido de perguntar justamente pela sua assinatura. Mas para isso ele havia recomendado – sua "modéstia" – simplesmente comprar seus livros e simplesmente lê-los justamente como livros de leitura; pois para ele o fato de alguém entendê-los não é em primeiro lugar e em geral de modo algum importante). Quanto à nossa modéstia, não queremos rivalizar com esse famoso psicanalista e filósofo na questão da modéstia, nem em nenhum outro aspecto. Apesar disso: sobre os mortos apenas o bem (de mortuis nil, nisi bene), em especial também na questão da modéstia.

O autor americano também expôs que a experiência do SPK/PF(H) deu a prova de como é possível existir durante décadas sem ocupar-se com "problemas" tais como SIDA, alergia, gripe, câncer, fratura da perna e coisas similares, porque todas essas são formas da doença às quais podemos nos opor efetivamente e transformando a realidade fora da medicina e sem medicina e sem terapia. Esse autor continua dizendo que, baseado nesses seus resultados, o SPK/PF(H) também pode fornecer uma base sólida para todos os outros movimentos de resistência, porque, além disso, nenhum movimento está nem sequer a meio caminho de estar completo, muito menos de poder reivindicar qualquer credibilidade se essa base e sua elaboração teórica não forem o principal aí, seja que esse movimento se denomine antirracista, anticapitalista ou feminista (antipatriarcal).

Com respeito ao marxismo a ser desenvolvido, ainda incluímos para vocês um resultado muito recente que vem do Vietnã e de Cuba, onde também se ocuparam com nosso tema nesse meio-tempo.(93) *Aqui pensamos que até mesmo os quadros profissionais do marxismo-leninismo podem muito bem renunciar a todas as mentiras (mythes) psicanalíticas, mas que eles têm mais do que necessidade de uma nova teoria da revolução, sobretudo tendo em vista a doença que faz parte de nossos tempos modernos, que também existe neles (seja como mercadoria de importação).*

Se se tratasse apenas de juntar marxismo e psicanálise, então seria necessário, para isso, simplesmente um autor, um pesquisador, seja ele comunista, professor, anarquista, padre, homem ou mulher. Se este tivesse realizado sua obra, então poderia converter-se sem mais delongas no contrário, sim, para simplificar as coisas, ele poderia até mesmo abandonar o plano e o projeto (de juntar o marxismo com a psicanálise), antes de ter sequer levantado um dedo para isso. Porém, para o caso em que ele é paciente, paciente que politiza sua doença, todo o marxismo tradicional, toda a psicanálise existente não lhe servem para absolutamente nada, nem mesmo quando, por exemplo, com a ajuda de um cirurgião ele faz uma conversão de sexo ou apenas muda sua opinião. Do SPK veio, ao contrário, uma série de exemplos, de que é imprescindível arriscar tudo desde o início e de uma vez por todas (emprego burguês, existência burguesa, liberdade burguesa, paz, perspectiva de vida, em suma: tudo); mas o que se ganha assim é a liberação coletiva de uma vez por todas e sempre de novo, livrando-se de toda merda iatrocapitalista, uma liberação que deve ser lutada continuamente durante toda a vida, diariamente e até nos sonhos. Podem-se dissolver e perder todas as coisas burguesas contadas, mas nunca uma política que está fundada na doença. Até mesmo um jornalista medíocre da Universidade de Heidelberg teve que levar isso em consideração, pois tinha de explicar o porquê a seus jovens leitores, a saber, por que à época as autoridades tremeram tanto justamente por causa do SPK/PF(H), e por que até hoje ainda não encontraram nenhuma solução final [Endlösung] para isso. Nesse contexto, o jornalista também tinha que mencionar o fato de que, já nos anos 1970, as autoridades tinham à disposição todos os meios para caçar anarquistas, fascistas, nazistas e democratas radicais. Mas o SPK com sua doença sempre foi e permanece uma surpresa desagradável, já que não podia ser vencido ou prevenido nem com armas, nem com dinheiro, nem com medicamentos, nem com métodos de tratamento, sim, nem mesmo com a genética; pois até mesmo a genética fracassa por causa do conceito completo da doença (SPK), contra o qual a genética não tem até agora nenhum conceito de doença nem sequer um conceito estreito, e, enquanto ninguém souber como isso é possível, todo fundamento ético permanece ausente da genética, tal como declarou recentemente um professor de ética de Munique. No que nos diz respeito, toda ética médica, toda ética filosófica ou outra nos dá nojo. Ninguém deveria jamais estar na posição de ficar dependente precisamente dos éticos tendo em vista ajuda ou apoio. Em vez disso: continuar ou começar a ***fazer*** *SPK/PF(H), iatroclastia!*

Se esse texto em francês não soar bem aos ouvidos franceses, então temos certeza, apesar disso, de que seu sentido não escapa a ninguém, que ninguém escapa ao seu sentido. Também temos certeza de que tal sentido existe em toda língua, abstraindo por ora de todo disparate genético e genocida (estando em toda língua, não somente desde ontem, em casa e visitação em toda casa).

Como já mencionado por telefone, atualmente são principalmente camaradas espanhóis que querem agir contra a genética. Por isso também queriam de nós uma fita cassete sobre esse tema e sobre o tema SPK/PF(H). Como eles nos comunicaram, essa fita cassete[94] *deve ir ao ar ainda essa semana no programa de uma rádio em Barcelona.*

Fortes pela doença!

DOENÇA NO DIREITO
[KRANKHEIT IM RECHT]
HUBER

P.S.: É óbvio que vocês também podem usar esta carta publicamente onde convir no momento.

11 teses sobre a doença

Nosso resumo das conclusões que foram tiradas desde 1984 em relação ao SPK/PF(H), em parte repetidamente, nas revistas *ASSEMBLEA* e *INVARIANTI*.

Conferir também o livro *IL TEMPO IMPERFETTO*, Claudio Mutini e Giorgio Patrizi, 1996:

1. O SPK/PF(H) é o único **desenvolvimento contínuo e ulterior da revolução** no tempo e no presente.
2. O SPK/PF(H) **constitui o xeque-mate** e ao mesmo tempo a **eliminação antecipada de todas as tendências genocidas também no terceiro milênio**.
3. Depois de Engels e Sartre, o SPK/PF(H)-Huber é o primeiro a conseguir **tratar a alienação de modo materialista, a saber, como doença**.
4. O **ataque mais radical às raízes logísticas da era computacional de hoje em dia** vem do Huber-SPK/PF(H), a saber: sob o **significante doença**, que **em sua forma até agora** é **uma maldição**; para os computadores (sob o domínio da classe médica) mais nenhum paciente é "sagrado" e **todos serão selecionados para sua eliminação**, todos os procriados, tanto os artificialmente procriados e acima de tudo os "naturalmente" procriados.
5. O militarismo privado na guerra civil universal deve ser resolvido e superado [*aufzuheben*], tal como o SPK conseguiu encarar o **protesto sem rumo fixo** dos pacientes uns contra os outros, o SPK é o paradigma para isso.
6. O SPK/PF(H) desmascarou casamento, família e todas as relações de acasalamento como **díade médico-paciente.** O único ponto de partida comprovado para a transformação é: o SPK/PF(H) contra os ídolos de muletas e próteses de todo setor.
7. Seus *terroni* são superados e bem incluídos [*aufgehoben*] em nossa **príncipe-idade [*Prinzenschaft*]** (pré-humanos de hoje em relação com a espécie humana do futuro): aos yuppies e fanáticos fitness o

SPK/PF(H) contrapôs **os ditos malformados** como **os melhores pré--humanos desta terra**.

8. O SPK substituiu o intelecto, a arte e a ciência pelas **cicatrizes** e **intelurecto** ligado à terra. Sensório de certeza da doença.
9. **Termomimética** (massa de calor e massa no calor contra o médico na classe-gangue-raça).
10. SPK/PF(H): todo **pensamento deriva da mecânica da troca de mercadorias**. Quem carrega moedas no bolso é um joguete sob a determinação alheia inerente aos padrões do valor em todas as **premissas** do pensamento em sua cabeça e corpo, sentir e querer.
11. A **saúde, o mais sagrado** do sagrado, **o valor mais elevado de todos e até agora óbvia e aparentemente considerado inamovível**, portadora de esperança e ilusão para os grandes e pequenos em todas as sociedades até hoje, foi **estourada** como uma bolha de sabão pela primeira vez e unicamente pelo SPK/PF(H).

Nota: Os autores dessa **revista de cultura e política** publicada regularmente e em toda a Itália nunca tiveram necessidade de nos fazer perguntas sobre explicações necessárias. O único acordo a que chegamos com eles desde 1984: quando vocês tiverem terminado algo, nos enviem. Quando tivermos terminado algo, enviamos a vocês.

Forte pela doença – Frente de Pacientes (Programa de rádio)[95]

Hoje em dia, em geral, em nenhum outro lugar se estraga tudo tanto quanto na vida. O médico tem indiscutivelmente o acesso mais direto à vida. O que aparece mesmo na forma da vida é a doença. Sob o pretexto da doença, o médico estende suas atividades em todos os domínios e campos: estragando, aniquilando, exterminando a vida. O capital organizado como Estado lhe entrega a legitimação para estragar a vida na glória do *HEIL* [saúde, salvação], cujo astro central é o médico, que governa e intervém em todas as épocas, em todas as sociedades, intrometendo-se no céu e no inferno.

Mas aqui há uma mistura explosiva de vida estragada e consciência, que não guarda mais a doença para si, mas a exterioriza, a impulsiona para além dos limites da vida isolada de cada um, opõe-se ao terror terapêutico, pois quem já não pode curar deve ao menos aprender a aterrorizar. Nessa guerra surge uma ação recíproca e uma relação interna entre os isolados, os que antes só tinham se interessado por si mesmos.

Para o isolado, a doença aumenta e intensifica de salto a consciência, cujo vazio [*Leere*] inicial se transforma, para ele, na lição [*Lehre*] de aprender a aprender de novo através do aprender [*des Umlernen-lernen-Lernens*]: a produzir ativamente o futuro, crescer em direção de tudo e todos para além de si mesmo. Tornar-se capaz da revolução cósmico-social.

A doença justamente não é sofrimento, mas categoria de produção da realidade universal e efetiva que é possível somente sem médicos. Justamente porque essa realidade carrega o selo do impossível, ela não é nem utópica, nem está escatologicamente associada a quaisquer expectativas de salvação [*Heil*]. Ela é Utopatia permanente, isto é, enquanto houver doença e a tarefa de ainda fazer dela um e único homem como objeto total e objeto comum [*Gesamtgegenstand*].[96]

Portanto:

1. Expulsar imediatamente os médicos de todos os grupos de resistência que têm algo a ver com doença, que se apresentam como coletivos de pacientes!
2. Fazer com que cada vez mais médicos recebam a proibição de exercício da profissão, não por causa de bebedeira, assassinato, homicídio e tais erros médicos, mas por causa do dito defeito de caráter precisamente por resistência. Refletir sobre quem pode ser levado em consideração para isso, ainda hoje!
3. Não deixem que lhes roubem a doença! Sejam vigilantes! Pois em cada um de nós apodrece um pedaço de médico.
   Ferir para viver, viver para ferir.
   Participem do tribunal da doença, mas estejam conscientes: só o Juízo Final da doença é o início da história de vocês. Até lá a vida de vocês permanecerá medicamente estragada, pois isso é a vida em geral.

Resolvam vocês o problema da operação, o "o que vocês fazem quando alguém quebrou a perna?", através de controles feitos pelos pacientes [*Patientenkontrolle*], o resto através de iatrocídios (força patenciada, isto é, força da doença).
E coisas tais como próteses, se houver, empreguem-nas vocês como muletas contra os médicos, quando lhes parecer que tudo já é tarde demais (muletas: comprimidos, injeções, próteses etc.).

Nós estamos fazendo isso agora no 7º ano. E funciona! Provado nos casos ditos mais graves. O primeiro paraíso da Frente de Pacientes existe. Lá a morte biológica e psicopatológica por velhice prescrita pelos médicos é permutada há 3 anos, 24 horas por dia, por uma vida mais consciente e mais intensificada.

Comecem, imediatamente! Criem muitos paraísos da Frente de Pacientes! Em seu devido tempo dizemos a vocês como isso é feito. Pois acabou-se o tempo das receitas, tudo depende do saber efetivo, fervido, de alto quilate, conhecimentos ousados da doença a longa e a curta distância, telepáticos e simpáticos, novinhos em folha, mas preparados termomimeticamente. Nenhuma fábrica medicinal de terror, mas diapática, sempre e por toda parte provada na prática.

Os três processos contra médicos no último ano, processos contra o SANAtório (manicômio [*HEILanstalt*]) Wiesloch com seus 7 juízes profissionais e leigos condenados milhares e repetidas vezes. Repetidas vezes condenados por uma massa de base em toda a Europa e ainda mais ampla de protesto e resistência. Esses três processos contra os médicos devem ser vistos como aquilo que realmente são, a saber, acontecimentos provincianos e periféricos num conjunto de uma sociedade louca pela superstição no HEIL e na saúde, uma sociedade iatrocapitalistamente des**loca**da. Na realidade, essa forma de produzir pânico entre os dissidentes já tinha seu futuro lá atrás em 1976, ou seja, muito antes de um psiquiatra dirigente provincial conseguir que os do aparato de tagarelas e cassetetes em Baden-Württemberg se mobilizassem com timbales e trompetes contra dois dentre vários milhares de advogados e, além disso, contra uma conselheira-da-doença.

Também só surpreende as pessoas de fora, os partidários dos médicos, o fato de a doença recorrer à arma da greve de fome no SANAtório (manicômio [*HEILanstalt*]), o fato de 30 pacientes juntos na resistência sob o signo dos processos contra os médicos se tornarem de repente 70 dentro de um ano, o fato de que as revoltas das mulheres no SANAtório se unissem com eles, e que o campo inimigo – não em último lugar sob a influência e pressão do exterior – começa finalmente a dividir-se em juristas contra médicos. Alguns querem fazer crer que tudo isso é impossível sem apoio de fora, mas acima de tudo sem a inteligência universitária tão elitista quanto normalizada, normalizada pelos médicos.[97]

Mas o futuro da resistência dos pacientes depende unicamente da refutação prática, há muito provada, desses pareceres falsos, mesmo quando tal resistência é isolada e atomizada em qualquer SANAtório.

A greve de fome incondicional e sem prazo de 1975, persistentemente silenciada por dentro e por fora, no hospital da prisão Hohenasperg e sempre entre cirurgia e psiquiatria, essa greve de fome, embora concluída, continua a ser História indelével e dar efeitos como orientação até hoje. Essa greve de fome foi precedida pela greve – iniciada mais de 4 anos antes –, que crescia de degrau em degrau, contra todas as regalias que o médico considera como apropriadas na prisão, para ao menos simular a aparência de saúde. Nenhum exame médico, nenhum tratamento, nenhuma palavra com os médicos e seus tribunais e polícias, nenhum passo na direção deles, nenhuma assinatura, nenhuma visita, nenhuma carta, nenhuma encomenda, nenhum ar fresco, nenhum movimento, porque tudo isso foi censurado. Como resposta a essa resistência havia a interdição total de contato (também com advogados) ordenada pelos médicos, muito antes da dita lei de isolamento, mas também as primeiras possibilidades de contato não vigiado, porque, para o serviço de guarda penitenciário e sua direção, os desgostos e moléstias com os visitantes, que simplesmente não desistiram e exigiram dar uma olhada no prisioneiro para ver se ele ainda estava vivo, haviam se tornado, com o tempo, extenuantes e insuportáveis demais, para isso havia primeiramente quarentenas e mais quarentenas, mas finalmente a porta da cela aberta juntamente com a libertação inicialmente revogada, porque a longo prazo a tortura se despedaça e fracassa de uma forma ou de outra, devido ao silêncio tenaz do torturado.

Somente essas formas de resistência desenvolvidas e testadas por um prisioneiro isolado [*Einzelnen*] sob condições extremas possibilitaram e tornam compreensível que a doença está em revolta de massa permanente hoje no SANAtório (manicômio) Wiesloch.

Consequência disso: vocês só impedem assassinato e homicídio aí dentro ao atacar constantemente os médicos, ao forçar o controle de fora, mas aí dentro nada funciona, nada se põe em marcha sem historiografia exemplar da consciência intensificada daquele que com aplicação intransigente e decidida entende a política como patoprática do impossível, e justamente não como arte do possível, e a praticou lá onde claramente está a frente: esse foi o Huber, W.D., SPK, que atacou os médicos em vez de permanecer um terapeuta carismático e praticante genial da filosofia [*Systematiker*]. Pois, sem a maquinaria da SAÚDE (HEILmaquinaria), nenhuma guerra, nenhum Estado atômico, nenhum nazismo funcionam. Esse foi Wolfgang Huber, que não hesitou nem um segundo em fazer frente contra a cana e o manicômio, que recusou veementemente a carreira de prisioneiro político oferecida a ele não só pela direção da prisão, mas também por outros camaradas da esquerda, para averiguar se, estando tão baixo e isolado na cela de tortura, a doença também cumpre o que ela já prometeu no SPK e pela primeira vez lá. Pois, sem a maquinaria da saúde (HEILmaquinaria), nenhum nazismo de tortura funciona, nenhuma sociedade iatrocapitalista pseudodemocrática, nenhuma guerra atômica.

Recentemente, o antigo ministro da Polícia de Bonn colocou em circulação um estudo volumoso da esposa de um psiquiatra especialmente contra e sobre o dr. méd. Wolfgang Huber. Pois, para quem é amigo dele, faltam não apenas as palavras porque prefere a arma doença, mas também o sentido e o tempo para o culto de pessoas sob qualquer pretexto. A grande coisa transborda de erros ortográficos e muitos outros erros, mas também de superlativos, em parte até mesmo refreados, em suma: a coisa voluminosa é uma única caixa tonta composta por bílis verde e assistência social verde. Como os verdes (ecologistas) em seu programa partidário, a esposa de psiquiatra declara, por meio do ministro da Polícia atual, que a saúde é a reivindicação política decisiva e ela se declara competente para os pacientes enquanto minoria frequentemente oprimida. Como os verdes e todos os outros que ela chama terroristas, para ela o estresse saudável – mesmo quando adoece – é, realmente, muito mais preferível do que o conceito da doença cosmopoliticamente tão complexo, principalmente o conceito da doença na forma do sujeito revolucionário, principalmente a doença como arma, como arma do conhecimento e da transformação.
Mas, ao contrário dos verdes, ela nos resume apenas como questão desagradável para o futuro, porque, já dissemos isso, para nós a doença é, nesse ponto, tudo menos questionável, mas categoria de produção do futuro como amor mais radical, a solidariedade mais afetuosa de todas e comunidade superando todo comunismo conservado do passado [*in kommunismuswidriger Gemeinsamkeit*].
Um líder dos verdes na câmara dos deputados de Baden-Württemberg foi ainda mais claro sobre isso já um ano atrás, quando nos fez saber francamente: vocês não deveriam existir! Os que passam dos limites têm de ser selecionados e aniquilados. Pois o que nós, verdes, precisamos não é de vocês com sua doença, é dos saudáveis que querem conservar a saúde e que por isso votam em nós e não em vocês. O porquê esse líder ainda não é declaradamente uma vítima do 20 de julho [de 1944, dia do atentado fracassado contra Hitler], assim como também declaradamente

a mencionada esposa especialista e vereadora do CDU, talvez seja porque esse líder dos verdes esteja verde demais até mesmo para isso. Em todo caso, nós sempre soubemos o que nunca temos nada a ver com eles. Mas quem sabe o que tem de fazer definitivamente não vota neles (e vocês não podem votar em nós): pois quem tem dor não tem a escolha [*Denn wer die Qual hat, dem ist die Wahl geschenkt*].

Para nós, só a palavra poder, sobretudo o poder na realidade das aparências e ignomínia de um parlamento, já é um pleonasmo, a saber, componente da iatrarquia (HEILviolência) que deve ser abolida junto com todo o médico. Nós como Frente de Pacientes confrontamos e opomos contra essa HEILviolência o Juízo Final da doença e a chamamos iatrarquia, pois poderíamos nos fazer entender até mesmo para os médicos se apenas quiséssemos.

O que queremos é o que a maioria quer: a saber, arranjar-se juntos com a doença, tomar a doença em suas próprias mãos.

Nós convidamos todos vocês: façam algo por vocês, façam vocês mesmos Frente de Pacientes. Vocês não precisam nos liquidar imediatamente, tampouco por meio da inatividade. Façam simplesmente aquilo que é melhor, tornem-nos supérfluos.

Pois vocês ainda estão carregando e transmitindo a doença em vez do uno, único, novo homem. Mas nós carregamos a responsabilidade por isso. Vocês carregam o peso, mas o que é mais leve e fácil? Deem à luz a doença de vocês, iluminem-se para voltar a vocês para que com isso consigam finalmente levantar-se, sem serem separados pelo concreto armado, veneno, bisturi, artigos e partículas, ou seja, levantem-se completamente, definitivamente e duradouramente, dentro e fora, com ou sem SANAtório,

mas nunca mais saúdeHEIL!

Notas e acréscimos

Aqui estão listadas as notas do Coletivo Socialista de Pacientes (SPK), feitas na ocasião da primeira publicação de *SPK – Fazer da doença uma arma*, 1972.

Além delas, há os acréscimos do SPK/PF(H), a maioria com data. Eles surgiram depois de 1972 de agitações e discussões sobre a aplicação específica da doença e em ocasiões concretas, como, por exemplo, na ocasião das respectivas edições e traduções do texto de agitação em inglês, francês, italiano, espanhol e português, disponíveis em <www.spkpfh.de>.[j]

(1) Acréscimo de Huber, 1997:
Chamado, de-preciado, morto (*scrivere è uccidere*, A. Verdiglione).
Chamado, registrado e de-preciado, o paciente significado entra pela porta do consultório e já carrega consigo seu fim, sua morte, como todo outro objeto (elefante, árvore, barreira...). Por isso: escrever é matar. Quem fere está no seu direito.
A teoria do significante tem sua própria dialética particular. Todo o espalhafato em torno da tecnologia genética, que é apenas modernista e nada mais, não muda nada disso se a teoria do significante **em conexão com a doença** desdobra sua eficácia, sua força de penetração como aqui em Sartre.

(2) Acréscimo do SPK/PF(H):
Um coletivo. A expressão coletivo de pacientes é muito usada na classe médica de hoje para um objeto de pesquisa, e já Martinho Lutero desejou do modo mais ardente um coletivo de pacientes para o médicu [*Arschzt*], ou, como ele diz e escreve: para o SALVAdor [*HEILand*]. Tanto esse quanto aquele outro "Coletivo de Pacientes": tudo para o médicu [*Arschzt*].

(3) Acréscimo do SPK/PF(H):
Confrontado com tudo isso por Huber, nada mais restou ao diretor da psiquiatria, Walter Ritter von Baeyer, senão recorrer a um assim chamado **mandato da** parte da **sociedade** delegado a ele para a internação dos pacientes e também aos limites que o **Estado** estabelece contra transformações necessárias. Viva o contrato social! Viva a revolução! (Qual?). Nas palavras do diretor: "Mas não posso jogar pedras nas vidraças da janela". Huber: "Eu posso, e mais ainda, e a necessidade foi demonstrada mais de uma vez". O diretor fugiu e por pouco teria quebrado a cabeça na porta de vidro. Em casos parecidos com seus pacientes, que procuravam fugir de eletrochoques, isso chegou a fraturas na base do crânio. Será que é mais simples permanecer diretor ou matar-se como diretor?

(4) Acréscimo do SPK/PF(H): Para melhor compreensão e translação mais livre.

(5) Acréscimo do SPK/PF(H): Michel Contat, colaborador de Jean-Paul Sartre e editor das obras completas de Sartre em francês.

---

j Para a maior parte dos textos disponíveis em <www.spkpfh.de> há traduções do alemão para outros idiomas, entre eles, inglês, espanhol, francês, italiano e grego. [N.T.]

(6) Acréscimo de Huber após telefonema de 19 abr. 1988:
Aliás, tudo fala a favor de que Sartre, que é de longe o filósofo da doença, da corporeidade e da liberdade mais independente, comparado a um Merleau-Ponty, por exemplo – que aqui Sartre examinou e decidiu, portanto, de modo particularmente cuidadoso e escrupuloso. Isso também está certamente ligado ao fato de que só recentemente a revista italiana de política e cultura *INVARIANTI* chamou novamente a atenção para a atualidade ardente do prefácio de Sartre: para a era computacional e suas consequências mundiais catastróficas, o antagonismo de classe indicado por Engels e Sartre, culminando na alienação do paciente como significado pelo médico como significante, só pode ser confrontado no modo fixado pela primeira vez pelo SPK (cf. *INVARIANTI* nos 1, 2, 4; 1987/88, ver também: "11 teses sobre a doença", neste livro. A FRENTE DE PACIENTES tinha traduzido para o italiano e colocado à disposição, entre outros, o prefácio de Sartre a pedido da redação de *INVARIANTI* tendo em vista sua publicação (cf. *ASSEMBLEA* nº 7, 1984). Desse modo conseguimos tornar o prefácio de Sartre novamente acessível ao menos para a Itália).

(7) Acréscimo de Huber, 1995:
A contradição fundamental foi confundida pela sra. Meinhof com a contradição principal e o princípio do materialismo histórico.
Hoje e atualmente:
Contradição fundamental: contradição e identidade da doença e capital.
Contradição principal: a classe dos pacientes contra a classe dos médicos.

(8) Ver a esse respeito "Der vollständige Krankheitsbegriff" [O conceito completo de doença], em *SPK – Dokumentation Teil III* [SPK– Documentação parte III], KRRIM – PF-Editora **para** Doença, disponível em: <www.spkpfh.de>.

(9) Se as palavras "dialética" [*Dialektik*] e "dialético" [*dialektisch*] são tão frequentemente usadas nesse texto de agitação, isso tem uma função de agitação: elas devem ser entendidas como uma chamada a produzir, através do estudo intensivo, referido à práxis, da dialética hegeliana e da economia política, que são mutuamente complementares, **as** relações e condições sob as quais sua aplicação permanente em prol das necessidades humanas pode tornar-se pela primeira vez uma realidade: o reino da dialética é a revolução permanente! A ênfase na dialética e a denúncia da ciência dominante infectada pelo bacilo do positivismo têm ao mesmo tempo a função da crítica radical dessa ciência e devem desdobrar-se como germe de sua superação e abolição [*Überwindung und Aufhebung*] (= socialização).

Se somos constantemente interpelados sobre a questão da necessidade de estudar Hegel, temos que chamar a atenção para o fato de que toda compreensão de Marx permanece superficial enquanto não se tiver compreendido o **método** dialético desenvolvido por Hegel e aplicado por Marx. O método dialético é muito mais fácil de aprender e apropriar-se dele por meio da filosofia hegeliana do que deduzi-lo e elaborá-lo a partir dos próprios escritos de Marx. Os próprios clássicos do marxismo sempre chamaram a atenção para isso. Em *O jovem Hegel*, Lukács escreve sobre Engels: "E na medida em que, em seus últimos anos, ele [Engels] queria iniciar os jovens marxistas no estudo de Hegel, ele sempre alertou para o fato de não se demorar por tempo demais de modo crítico nas arbitrariedades das construções hegelianas, mas ver nelas onde e como Hegel desenvolve justamente movimentos dialéticos reais. O primeiro procedimento seria um trabalho fácil [...]

o último um verdadeiro conhecimento para todo marxista". Portanto, aqui não podemos nos dar por satisfeitos com o simples fato de pôr Hegel à parte como idealista, como é usual em inúmeros grupos de esquerda. De acordo com o modelo dos clássicos do marxismo, o método mais frutífero é ler Marx através dos óculos de Hegel e Hegel através dos óculos do marxismo. O próprio Marx escreve em *A sagrada família*: "Pois então, no interior da exposição especulativa, Hegel fornece com muita frequência uma exposição real que apreende a coisa mesma [*die Sache selbst*]. Esse desenvolvimento real dentro do desenvolvimento especulativo induz o leitor a considerar o desenvolvimento especulativo como real e o desenvolvimento real como especulativo". O estudo intensivo da dialética hegeliana referido à práxis, especialmente através da *Fenomenologia do espírito*, era realizado nos grupos de trabalho científico do SPK assim: após a leitura coletiva de uma seção desse livro (algum paciente lia em voz alta, os outros acompanhavam a leitura), todos juntos tentavam estabelecer uma relação entre o conteúdo dessa seção e as necessidades atuais do coletivo, assim como de um determinado paciente qualquer: por exemplo, com problemas agudos no local de trabalho ou na situação familiar atual. Essa práxis resultava de que a maioria dos participantes dos grupos de trabalho não estava acostumada a lidar com textos científicos em geral e da "diferença de nível de formação" socialmente condicionada entre estudantes de um lado e trabalhadores do outro. Aqui se revelou que, após a superação das inibições de articulação que surgiam inicialmente, justamente aqueles que se encontravam na parte inferior da "diferença de nível de formação" segundo o esquema classificatório tradicional, realizavam as contribuições mais fecundas e mais produtivas, ao passo que muitos estudantes permaneciam inicialmente presos a tentativas de interpretação acadêmica e à compulsão de apresentar um "saber" de segunda mão previamente adquirido. Justamente essas fixações orientadas pelo consumo ou pelo autoritarismo podiam ser trabalhadas e superadas [*aufgehoben*] nos grupos de trabalho científico referido à práxis em conexão com as agitações pessoais e em grupo. Isso tanto mais que a *Fenomenologia do espírito* em particular fornece em todas as suas seções um material abundante (senhor e escravo!) para isso.

Originalmente só deviam ser colocados em discussão no coletivo os conteúdos que alguém supunha ser totalmente incompreensíveis. Essa exigência resultou das necessidades concretas que se manifestavam várias vezes nas agitações pessoais: lemos um monte de Marx etc., porém, não sabemos aplicar a dialética, logo também só entendíamos Marx pela metade. – Então leiam Hegel também. – Cruz-credo, ele é um idealista e absolutamente incompreensível – muito pior: Schopenhauer, ao qual só os positivistas poderiam impressioná-lo, estava seriamente convencido de que qualquer um com um pouco de senso comum se tornaria irremediavelmente tonto através do estudo intensivo da filosofia hegeliana. – Então, aqui certamente nada pode nos acontecer. – Sim, a dialética não parece ter agido como algo prejudicial à saúde de Marx, Lênin e Mao... Para o outro, tínhamos todas as razões para apostar na força criativa do negativo.

Em que mais senão?

Em terceiro lugar, no pior dos casos sempre nos teria restado a possibilidade de experienciar nosso fracasso individual através do texto como algo coletivamente compreensível e romper, com isso, os limites entre produtividade coletiva e individual.

(10) Karl Marx, *Ökonomisch-philosophische Manuskripte* [Manuscritos econômico--filosóficos], *MEW* – EB 1, p. 536.

(11) Uma exposição sucinta desse fato encontra-se em *Geistige und körperliche Arbeit* [Trabalho intelectual e corporal], de Alfred Sohn-Rethel, no capítulo "Reproduktive und nicht-reproduktive Werte" [Valores reprodutivos e não reprodutivos], Frankfurt, 1971, p. 144.

(12) Karl Marx, *Grundrisse der Kritik der politischen Ökonomie* [Fundamentos da crítica da economia política], (EVA), p. 14.

(13) David Cooper, *Psychiatrie und Anti-Psychiatrie* [Psiquiatria e antipsiquiatria], Frankfurt, 1971, p. 55.

(14) Quando um trabalhador vai ao médico hoje e se queixa de vários sintomas (digamos, sensação de vertigem, dores de cabeça, enjoo etc.), o médico faz de tudo para isolar esses sintomas de seu contexto histórico e biográfico [*enthistorisieren und entbiographisieren*]. Ele mede a pressão e o batimento cardíaco e no final diagnostica uma "distonia vegetativa" (perturbação do sistema nervoso vegetativo); quando muito, só se fala de passagem das condições no local de trabalho e na família. Tratamento como um negócio de troca: os sintomas devem ser diagnosticados de modo que correspondam, enquanto demanda, a uma oferta da indústria médico-técnica farmacêutica.

(15) Karl Marx/Friedrich Engels, *Die Heilige Familie* [A sagrada família], *MEW 2*.

(16) Eutanásia diferencial significa o aniquilamento sistemático, de massa e planificado da vida, que merece exatamente o nome "eutanásia **diferencial**" por sua seleção sutil e dificilmente visível ("científica") daqueles que devem ser exterminados e à velocidade controlada desse processo de destruição. Pacientes do SPK tiveram a oportunidade de experienciar a tentativa de pôr em prática essa forma de extermínio humano na clínica psiquiátrica da Universidade de Heidelberg, em particular pelos médicos von Baeyer, Blankenburg e Oesterreich.

(17) Temos clareza de que a doença é mais velha do que o capitalismo ("A miséria é mais velha do que o capitalismo" – Wilhelm Reich). A doença é o resultado da dominação – violência do homem contra o homem –, esta surge com a propriedade privada.

Com base nas pesquisas de Malinowski, Wilhelm Reich mostrou a transição da ordem social matriarcal para a ordem social patriarcal fundada na propriedade privada (Wilhelm Reich, *A irrupção da moral sexual*). Lá ele expõe minuciosamente como mecanismos de limitação e repressão pulsionais se desenvolvem **como consequência** do surgimento da propriedade. E com isso também surgem – "dito de modo moderno" – neuroses, perversões e outros fenômenos corporais patológicos. A abordagem reichiana é extremamente importante, sobretudo do ponto de vista epistemológico, porque ela refuta de modo totalmente claro e certeiro toda "teoria hereditário-genética" das neuroses e psicoses, demonstrando sua relação intrínseca com as relações de propriedade. A transformação [*Aufhebung*] da doença coincide com a superação e abolição [*Aufhebung*] da propriedade privada dos meios de produção material (cf. teoria da alienação em Marx). Não por acaso definimos, em outro lugar, a doença como vida quebrada em si mesma.

(18) Amortecedor de crises:

a) "Custos" das doenças: nas universidades Yale, Berkeley e Harvard, os custos das doenças singulares foram calculados levando em conta os dias de trabalho perdidos, os gastos com os serviços médicos, os subsídios pagos aos membros da família do doente e as mudanças de hábitos individuais de consumo dos afetados diretos ou indiretos. De acordo com isso, no ano de 1954, houve uma "perda" de 2.222 milhões de dólares devido a 734.669 casos de câncer, o que dá 3.024 dólares por caso ("perda" quer dizer, obviamente, perda para a economia). A perda causada por 94.984 casos de tuberculose é de 724 milhões de dólares = 7.622 dólares por caso (números de Jean-Claude Polack, *La Médicine du capital* [A medicina do capital], Paris, 1971, p. 36). Polack continua a expor: a civilização americana não pode se permitir erradicar totalmente a tuberculose sem colocar em questão suas estruturas econômicas (op. cit., pp. 36-37).

b) Entrelaçamento entre sistema de saúde e indústria farmacêutica: a indústria farmacoquímica é um setor da produção que tem sua esfera de circulação nas instituições do sistema de saúde. Crises de venda nesse setor de produção conduzem forçosamente à necessidade de intensificar a venda por meio dos médicos e caixas da previdência (por exemplo, através da propaganda em revistas especializadas); ou o paciente é levado diretamente à dependência através de uma megapromoção de remédios de venda livre, eludindo assim o setor médico – a própria indústria se torna médico.

c) Otimização da explorabilidade da mercadoria força de trabalho.

d) As contribuições pagas pelos trabalhadores à Previdência Social estão a serviço do Estado a título de fundos auxiliares de investimento na economia.

(19) Acréscimo do SPK/PF(H):
Em vez de capitalismo tardio, hoje dizemos iatrocapitalismo. Ver a esse respeito "Die Iatrokratie im Weltmaßstab" [A iatrocracia em escala mundial], em: FRENTE DE PACIENTES: *SPK – Dokumentation Teil IV* [SPK – Documentação parte IV], KRRIM – PF-Editora **para** Doença, disponível em: <www.spkpfh.de>.

(20) Acréscimo do SPK/PF(H), 1997:
Lembremos: nesse sistema cada um é um ser isolado, separado dos outros, fechado em si. O in-divíduo ainda não existe realmente hoje. Uma das tarefas revolucionárias é criar de fato as condições de vida para que os indivíduos possam realmente existir.

(21) Os fascistas pervertem e corrompem todas as realizações revolucionárias (ver também *Sexualidade e luta de classes*, de R. Reiche). Para os fascistas a doença enquanto força produtiva revolucionária deve ser exterminada. Assim, a necessidade de viver de cada um se perverte em um princípio vital biologístico, ou seja, em uma vida saudável "digna de viver" na medida em que pode ser explorada. Tudo o que não se enquadra nisso está fadado ao aniquilamento na forma de eutanásia diferencial. Essa perversão se expressa no fato de que **a saúde como explorabilidade** deve aparecer e aparece à consciência de cada um como bem-estar.

Talvez a psiquiatria e o sistema de saúde em geral estejam sujeitos a pressões e contradições internas que, em tempos de crise, os obrigam ocasionalmente, enquanto componentes do aparelho de Estado capitalista, a demonizar os doentes, qualificando-os, por exemplo, como comilões e preguiçosos supérfluos dificultando "a pesquisa e o ensino", como loucos violentos e perigosos para o público, como erva daninha, tudo isso para transformá-los em alimento para a prisão e câmaras de gás segundo as regras do "mercado"? Se esse for o caso, então também deveríamos contar com a manifestação do contrário, a saber, a publicidade feita a favor dos doentes como pessoas boas e trabalhadoras, em suma, como pessoas melhores – identidade dos opostos.

(22) "Renúncia de si": foi como Schnyder e companhia nomearam isso (ver Comparação I) – baseado nas considerações do professor de psiquiatria em Frankfurt, Bochnik, em seu "parecer" sobre o SPK. Bochnik: "O psiquiatra Ernst Kretschmer deve ter dito que, nas boas épocas, somos nós que examinamos e dominamos [*begutachten*] os psicopatas, ao passo que, nas épocas ruins, são eles que nos dominam. Deve-se desejar épocas ruins?" (*SPK –Dokumentation Teil I* [SPK – Documentação parte I], 5ª edição não modificada, KRRIM – PF-Editora **para** Doença, pp. 82-83).

(23) Ver Comparação I.

(24) Ver *SPK – Dokumentation Teil I* [SPK – Documentação parte I] – pareceres do dr. méd. D. Spazier, Heidelberg; prof. dr. P. Brückner, Hannover; prof. dr. H. E. Richter, Gießen.

(25) Campanhas de destruição de coisas através do desgaste embutido e programado, destruição direta de mercadorias, o permanente passar das modas e guerras de extermínio contra tudo o que é humano e através da perversão da energia vital humana-produtiva em um trabalho alienado totalmente funcionalizado e em um consumo ávido e excessivo por meio da manutenção violenta dessas relações de produção para garantir o lucro – isso constitui o imperialismo para dentro (doença).

(26) Ver Comparação I.

(27) Ver, por exemplo, a argumentação do decano Leferenz (Faculdade de Direito da Universidade de Heidelberg) na sessão do senado no dia 24 nov. 1970, na qual intimou os "órgãos competentes" da universidade a executar imediatamente "com todos os meios estatais" – quer dizer, violência policial – a decisão do senado segundo a qual o SPK não poderia se tornar uma instituição da universidade (ver também Comparação I).

(28) Ver Comparação I.

(29) Acréscimo do SPK/PF(H) do dia 24 jan. 1995:
De fato se tratava do seguinte: a expulsão de 180 pacientes e seu médico, o dr. méd. Wolfgang Huber, da policlínica psiquiátrica. Proibição de entrada na clínica e *no-go-zone* (zona proibida) para 180 pacientes que eram praticamente todos tratados pelo dr. Huber. Cerca de 60 pacientes tomaram conhecimento desse golpe no fim de semana. Os outros ainda não sabiam nada do choque (a má notícia). O reitor, Rendtorff, tinha sido informado pelos pacientes sobre a catástrofe ameaçadora iminente. Até hoje ele afirma só ter tomado conhecimento de tudo isso posteriormente.

(30) "Fórmula" do juramento de Hipócrates.

(31) Dr. méd. Blankenburg – médico-chefe na clínica psiquiátrica da Universidade de Heidelberg.

(32) Acréscimo do SPK/PF(H), 2016:
Não confundir com o prof. dr. Hans-Joachim Rauch, criminoso, junto a Carl Schneider, da Universidade de Psiquiatria de Heidelberg, responsável pelo assassinato de crianças para o estudo do cérebro delas no âmbito da eutanásia infantil no Terceiro Reich. Diretor do setor de psiquiatria forense na Universidade de Heidelberg até 1978!

(33) Acréscimo do SPK/PF(H), 1997:
Um outro foi o dr. Pfisterer. Os médicos Pfisterer e Rauch tinham sido salvos graças às negociações conduzidas pelo dr. Huber, com o resultado de que receberam outro cargo em outros setores da clínica. Do contrário, teriam perdido seu cargo, isto é, teriam permanecido na confrontação aberta, na qual tinham se posicionado a favor dos pacientes e do dr. Huber.

(34) Ver Comparação I.

(35) Prof. Bräutigam – diretor da clínica psicossomática da Universidade de Heidelberg.

(36) Ver Comparação I.

(37) "Forderungen des Sozialistischen Patientenkollektivs an das Rektorat" [Exigências do Coletivo Socialista de Pacientes diante da reitoria] (*SPK – Dokumentation Teil I* [SPK – Documentação parte I], p. 19).

(38) Os peritos: prof. dr. dr. H. E. Richter, diretor da clínica de psicossomática da Universidade de Gießen; prof. dr. Peter Brückner, diretor do seminário de psicologia da Universidade Técnica de Hannover; e o dr. méd. Dieter Spazier, médico especialista em psiquiatria e neurologia e antigo diretor da policlínica psiquiátrica da Universidade de Heidelberg. Além disso, o SPK entregou uma exposição científica de seu trabalho em andamento e futuro. Os 4 trabalhos foram publicados em *SPK – Dokumentation Teil I* [SPK – Documentação parte I].

(39) – O filho de um paciente do SPK foi mandado a bater na porta de sua casa como refém da polícia, porque os policiais supunham que pessoas armadas se detinham na casa.
– Detentos são colocados sob pressão do seguinte modo: "Estamos fazendo uma busca domiciliar na casa de vocês agora. Se vocês se recusarem a dar o depoimento, talvez pessoas inocentes, e que confiam em vocês, possam ser mortas a tiros. Então vocês devem se responsabilizar por tudo".

(40) Setembro de 1972.

(41) Que seja dito para quem acha que a expressão "tratamento através de envenenamento" é exagerada, que o catedrático e vice-presidente da Organização Mundial de Psiquiatria e Neurologia, von Baeyer, com certeza insuspeito de política socialista, defendia constantemente diante de seus assistentes a aplicação de eletrochoques, porque um tratamento medicamentoso é muito mais nocivo para o sistema nervoso central do que os danos causados pelos eletrochoques. Como se sabe, em ambos os casos morrem os neurônios, que, ao contrário das outras células, não são mais substituídos.

(42) Von Baeyer, Häfner entre outros em *Psychiatrie der Verfolgten* [Psiquiatria dos perseguidos]: "Sempre existem alguns cientistas ou também muitos [...], com frequência até mesmo muito talentosos, que se deixam desviar do caminho da objetividade incorruptível por influências do poder, na maioria das vezes de modo algum através de ordens diretas ou suborno material, mas de modo mais atmosfericamente indireto através da necessidade inconsciente de nadar na grande corrente da época." – von Baeyer em: *Die Bestätigung der NS-Ideologie in der Medizin unter besonderer Berücksichtigung der Euthanasie* [A confirmação da ideologia nacional-socialista na medicina em consideração particular da eutanásia].

(43) Ver "VII. Parte documental": "37. Sobre a economia política da identidade suicídio = assassinato".

(44) "No domingo, 21 mar. 1971, às 18 horas, o Coletivo Socialista de Pacientes (SPK) recebeu uma ameaça de morte por telefone contra o portador de funções médicas do SPK, o dr. Wolfgang Huber. A pessoa que telefonou expressou sua intenção de matar Huber com um tiro nessa semana caso não fosse providenciado que sua filha (pertencente ao SPK) deixasse o SPK e voltasse para casa. Essa ameaça de morte tem um momento progressista e um momento reacionário. Progressista na medida

em que contém o protesto – protesto contra o modo de produção canibalesco existente. Princípio de concorrência – os grandes devoram os pequenos (como ficamos sabendo, a firma da pessoa que telefonou faliu na semana passada). Reacionário na medida em que o protesto se volta contra aqueles que se opõem a essas relações patógenas canibalescas e se organizaram no SPK, em vez de combater aqueles que são responsáveis por tais relações...

O mais tardar por meio de tais ameaças e sua realização se mostra como a ideologia dominante se transforma em violência material. Todos aqueles que leem acriticamente o *RNZ* (*Rhein-Neckar-Zeitung* [jornal regional]), o *Bild* [maior tiragem da imprensa Springer] ou assistem à televisão, tornam-se **potenciais** autores de atentados que, conforme a ideologia que lhes foi inoculada, são levados a esse tipo de ação" (de *SPK – Dokumentation Teil II* [SPK – Documentação parte II], 4ª edição não modificada, KRRIM – PF-Editora **para** Doença, pp. 108-110, Info dos Pacientes nº 33).

(45) Todas as relações que, de acordo com o esquema psicanalítico tradicional de interpretação, se tornavam manifestas na situação de agitação entre parceiros de agitação pessoal e dentro das agitações em grupo, tais como transferência, contratransferência, projeções, resistência etc. etc., assim como chamados conflitos de autoridade, foram resolvidas e compreendidas de acordo com as categorias de valor de uso e valor de troca e superadas [*aufgehoben*] no processo de emancipação, cooperação e solidariedade.

(46) Ver a respeito: *Rede an den kleinen Mann* [Escute, Zé Ninguém!], de Wilhelm Reich, 1946.

(47) Acréscimo do SPK/PF(H), 1997:
Totalmente em oposição à terapia institucionalizada, o mais interessante aqui não era se é pago ou não, ou se dívidas são feitas ou não, pois se tratava de aprender coletivamente qual função o dinheiro tem nessa sociedade enquanto instrumento de uma opressão tão imperceptível quanto evidente e a-histórica, ou seja, que ele seja considerado como algo indiscutível e natural e como sem início e sem fim.

(48) Nos fins de semana – sábado e domingo – tinham lugar respectivamente 3 grupos de agitação e 3 grupos de trabalho porque, de segunda a sexta-feira, muitos daqueles que exerciam uma profissão não estavam disponíveis por causa do trabalho ou de obrigações familiares.

(49) Acréscimo do SPK/PF(H):
O capítulo 16 foi revisado em 2007 por ocasião da nossa nova tradução da edição italiana de *SPK – Fazer da doença uma arma*; disponível em: <www.spkpfh.de>.

(50) Espinosa, *Ética*, capítulo III, "Dos afetos".

(51) Dentro do SPK e publicamente nos grupos de trabalho, a agitação foi fundamentalmente posta em questão repetidas vezes. Por exemplo: um dia 2 pacientes decidiram num grupo de trabalho suprimir totalmente as funções médicas junto de seus portadores. Ambos havia muito tinham chamado a atenção dos demais, como se mostrava na discussão pormenorizada sobre os métodos, por seus desejos permanentes "do médico". Essa contradição se reatualizou momentaneamente nessa situação de grupo, mas não – como seria fácil de compreender – na forma de uma crítica às "opiniões loucas", ao "comportamento errado" de ambos ou até mesmo aos psicologismos "transferência" e "fixação", mas ao problema que diz respeito igualmente a todos no SPK, até agora não reconhecido, de que nós nos produzimos mutuamente na agitação

pessoal, agitação em grupo e nos grupos de trabalho como comerciantes, consumidores e enganadores enganados, porque justamente mais ou outra coisa não foi incutido em nós. O principal interesse da agitação se tornou, então, o comportamento de consumo e dominação e sua relação com essa sociedade produtora de mercadorias.

(52) Reduzido a uma fórmula simples, os descaminhos do pensamento freudiano consistem no fato de que, para um problema que se coloca para ele desde o início de modo materialista, ele encontra uma solução meramente idealista. Na medida em que ele [Freud] permanece preso, em última instância, à ideologia burguesa apesar de todas as críticas contidas na psicanálise à ordem social burguesa, todo o seu pensamento oscila entre materialismo mecânico de um lado e idealismo metafísico do outro lado; além disso, a hipóstase (= elevação exagerada às alturas) da ordem social burguesa como "princípio de realidade" por excelência impede o desenvolvimento da dimensão histórica. Esses são os pressupostos e condições prévias epistemológicos do pessimismo de Freud que a literatura especializada sempre ressaltou.

(53) A exclusão de Wilhelm Reich do Partido Comunista e, com isso, seu isolamento do movimento socialista tiveram como consequência o fato de que ele não pôde continuar desenvolvendo os princípios de uma teoria materialista-dialética da sexualidade. Isso explica sua recaída a um materialismo mecânico, tal como se apresenta na teoria do Orgone desenvolvida nos últimos anos de vida de Reich. Da parte dos Partidos Comunistas, a recusa em compreender a miséria sexual não apenas como algo politicamente abstrato levou ao surgimento daquele puritanismo nas organizações partidárias enquanto base emocional do doutrinarismo e burocratismo, tal como ressurge ainda hoje nos grupos emergentes de esquerda com suas pretensões de fundação do Partido Comunista após a destruição do movimento antiautoritário.

(54) Nas sociedades primitivas, a organização da formação social é determinada pela necessidade de defender-se da violência da natureza. Nesse contexto, o trabalho de Reich *A irrupção da moral sexual*, baseado nas pesquisas de Malinowski, é de grande relevância epistemológica:

1. ele demonstra a relação entre violência da natureza e violência no interior da formação social. Lá onde, como nos trobriandeses, a natureza não seja hostil aos homens – e esse é um caso excepcional – não surgem coerções sociais no interior da formação social.
2. O desenvolvimento econômico autônomo (transição para a agricultura) conduz ao surgimento da propriedade privada e, portanto, à monogamia ligada à propriedade e suas consequências de limitar as pulsões. Aqui é de importância decisiva constatar que reside evidentemente na determinação do próprio "estado original paradisíaco", que passa a um outro estado economicamente mais desenvolvido, sem que – aqui nos trobriandeses – impulsos vindos de fora, por exemplo a troca comercial com uma tribo mais desenvolvida, trouxessem uma transformação qualitativa das estruturas sociais.
3. O trabalho de Reich demonstra a gênese da repressão das pulsões como consequência do surgimento da propriedade privada e, ao mesmo tempo, como condição prévia de sua manutenção e expansão. O escrito de Reich *A irrupção da moral sexual* é uma das refutações mais consequentes daquelas teorias que estilizam a dita doença mental como um fato existencial fundamental (pseudofilosófico) ou como uma determinação hereditário-genética (científico-

natural). As sintomatologias classificadas como doenças mentais não são categorias antropológicas, mas momentos **da antropologia** – entendida como totalidade da experiência da espécie humana, a qual deve ser determinada de modo marxista como alienação e superação [*Aufhebung*] da alienação.

(55) Em *Die Verdammten dieser Erde* [Os condenados da terra], Frantz Fanon mostrou, com o exemplo da luta de libertação do povo argelino, como não apenas sintomatologias inequivocamente psiquiátricas dos anteriormente colonizados se dissolveram no processo de revolução, mas como também desapareceram somatizações aparentemente indissolúveis como hérnias de disco, úlceras intestinais e estomacais, tensões musculares etc.

(56) Para a compreensão dos conceitos de "pulsões parciais", "genitalidade" etc., remetemos aos escritos de Wilhelm Reich: *Der Einbruch der Sexualmoral* [A irrupção da moral sexual], *Die sexuelle Revolution* [A revolução sexual], *Die Funktion des Orgasmus* [A função do orgasmo], *Massenpsychologie des Faschismus* [Psicologia de massas do fascismo].

No âmbito deste livro não é possível desenvolver uma teoria materialista coerente da sexualidade. Porém, no tocante à práxis, consideramos importante indicar que reduzimos conscientemente todos os conceitos psicanalíticos ainda presentes nos trabalhos mais progressistas de Reich a categorias dialéticas materialistas.

(57) Karl Marx, *Kapital I* [O capital I], *MEW*, 1971, pp. 381-382 e p. 384 (grifo dos autores).

(58) "Os funcionários do sistema de saúde americano reconhecem, aliás com muita precisão, a influência da situação do mercado de trabalho sobre o nível terapêutico necessário que, por sua vez, determina o trabalho e o desenvolvimento do sistema hospitalar. Quando o desemprego é grande, doenças crônicas podem se propagar sem perigo para a economia; essa é a situação americana desde a Segunda Guerra Mundial; e essa era a situação durante a crise financeira de 1929" (Jean-Claude Polack, *La Médicine du capital* [A medicina do capital], p. 35).

(59) Aqui a determinação da ausência de direitos dos doentes contribui essencialmente para o desenvolvimento. Como essa ausência de direitos se manifestou no desenvolvimento histórico do SPK, ver capítulo 12.

(60) De um panfleto que foi distribuído pelo "Comité d'action Santé" [Comitê de Ação Saúde] em fevereiro de 1969 na Renault de Flins.

(61) Karl Marx, *Kapital I* [O capital I], *MEW*, 1971, p. 384.

(62) Jean-Claude Polack, *La Médecine du capital* [A medicina do capital], Paris, 1971, pp. 35-36.

(63) Pichação de muro no Maio de 68 parisiense.

(64) Hegel.

(65) Também conferir a esse respeito a prática da justiça contra supostos cabeças do SPK na "Parte histórica".

(66) Acréscimo do SPK/PF(H), 1997:

Enquanto isso, os Huber venderam o que podiam vender dos produtos de seu trabalho e também fizeram um empréstimo para ajudar os sem recursos no SPK, que, caso contrário, não teriam tido nada para comer. Mais tarde, na prisão, decorreram disso mais dificuldades, ameaças de punição e medidas punitivas em particular contra a dra. Huber. No iatrocapitalismo, até mesmo o bem e a virtude se transformam sem mais em seu oposto, portanto, a perversão não é uma questão de moral, mas faz parte do sistema desde o início, a saber, do sistema iatrocapitalista.

(67) Não a proteção das fronteiras territoriais, mas proteção das fronteiras entre exploradores e explorados.

(68) Indicamos aqui os parágrafos para que fique claro que os órgãos do Estado violam de modo permanente justamente aquelas leis que afirmam proteger. Aquilo que deve ser protegido só pode sê-lo através de sua violação.

(69) Textos-Beck, 11ª edição, maio de 1971:

§ 129 Associação criminosa.

(1) Quem funda uma associação cujos objetivos ou atividade estão voltados para cometer ações criminosas, ou quem participa como membro de uma associação dessas, faz propaganda dela ou a apoia, é punido com pena de até cinco anos de prisão.

(2) O parágrafo 1 não deve ser aplicado

1. se a associação for um partido político que o Tribunal Constitucional Federal não declarou como inconstitucional,
2. se a realização de ações criminosas for apenas um objetivo ou uma atividade de significado menor ou
3. enquanto os objetivos ou a atividade da associação disserem respeito a ações criminosas segundo os §§ 84-87.

(3) A tentativa de fundar uma associação caracterizada no parágrafo (1) é passível de punição.

(4) Se o autor do crime for um dos cabeças ou um dos homens por detrás deles ou se se tratar de outro caso particularmente grave, a pena de seis meses a cinco anos de prisão deve ser infligida. Além disso, a vigilância policial pode ser autorizada.

(5) O tribunal pode atenuar a pena dos participantes cuja culpa é pequena e cuja colaboração é de importância menor à discrição (§ 15), ou desistir de uma pena de acordo com os parágrafos (1) e (3).

(6) O tribunal pode atenuar a pena à discrição (§ 15) ou desistir de uma pena de acordo com essas prescrições se o autor do crime

1. esforçar-se de modo voluntário e sério para impedir a continuidade da associação ou a realização de um ato criminoso correspondente a seus objetivos, ou
2. revelar voluntariamente e a tempo diante uma autoridade seu saber para que atos criminosos, cujo plano ele conhece, ainda possam ser impedidos; se o autor alcançar seu objetivo de impedir a continuidade da associação, ou se for alcançado sem seu esforço, ele não será punido (a esse respeito, ver também "Estado policial" no capítulo "VI. Doença e capital", "30. As instituições do capital").

§ 81 Alta traição à República Federal da Alemanha.

(1) Quem empreende com violência ou através de ameaça com violência

1. prejudicar a existência da República Federal da Alemanha ou
2. modificar a ordem constitucional baseada na Constituição da República Federal da Alemanha

será punido com prisão perpétua ou com prisão de no mínimo dez anos por alta traição à Federação.

(2) Em casos menos graves, a pena é de um a dez anos de prisão.

(70) Combatentes políticos da Irlanda do Norte sem depressão
"Desde que a guerra civil eclodiu na Irlanda do Norte, o número de adoecimentos por depressão e de tentativas de suicídio retrocedeu no surpreendentemente alto grau, em torno de mais da metade. Isso se mostra em homens das classes sociais baixas, que são os principais envolvidos nas lutas. Homens das classes altas em Belfast e outras partes tranquilas da Irlanda do Norte sofrem, ao contrário, de um aumento da depressão, como explicou o dr. H. A. Lyons, do hospital Purdysburn, de Belfast". *Frankfurter Rundschau* de 21 ago. 1972.

(71) O mesmo também se pode dizer da dialética da acusação e defesa no dito Estado de direito, somente com a diferença de que aqui a "defesa" é restrita pelo formalismo jurídico previamente dado e imposto, não indo além de se transformar em uma acusação enquanto os instrumentos de execução ainda se encontrarem sob o poder de dispor dos monopolizadores do direito.

(72) Acréscimo do SPK/PF(H), março de 1997:
Para isso uma precisão necessária e ampliação:
Dentro da identidade política, o SPK/PF(H) distingue estas três identidades:
1. **Identidade política:** estável relativo à separação por distâncias e distanciamentos espaciais. Hoje designamos essa identidade por identidade patoprática.
2. **Identidade ideológica:** estável relativo a influências [*Einflüsse und Beeinflussungen*] temporais exteriores. Hoje designamos essa identidade por identidade diapática.
3. **Identidade revolucionária:** estável relativo à efetividade completa, definitiva e persistente. Hoje designamos essa identidade por identidade utopática.

(73) Acréscimo do SPK/PF(H):
Sobre a divisão entre polo militante e polo propagandista e também sobre a diferença entre militante e militar, ver no "Quadro cronológico resumido" neste livro na seção: SPK/FRENTE DE PACIENTES sob as condições de encarceramento".

(74) Nesse meio-tempo, a documentação foi publicada em *SPK – Dokumentation Teil II* [SPK –Documentação parte II], Gießen, pp. 148-170, novamente numa edição de vários milhares de exemplares e à venda nas livrarias, 4ª edição não modificada, KRRIM – PF-Editora **para** Doença.

(75) Acréscimo do SPK/PF(H):
Retradução a partir da edição espanhola de *SPK – Fazer da doença uma arma*, KRRIM – PF-Editora **para** Doença, 1997, disponível em: <www.spkpfh.de>.

(76) Também ver a esse respeito: "Theorie der Entfremdung bei Sartre und Marx" [Teoria da alienação em Sartre e Marx], em: *Die Iatrokratie im Weltmaßstab* [A iatrocracia em escala mundial], adendo "Documentos de trabalho", disponível em: <www.spkpfh.de>

(77) Acréscimo do SPK/PF(H):
Com essa designação completa damos, conforme acordado, a orientação desejada para novas fundações e continuações do SPK de 1970/71 que surgiram nesse meio-tempo. Ao mesmo tempo nos opomos, com isso, por todas as razões jurídicas, às apresentações falsificadoras e, nesse ponto, hostis aos pacientes.

(78) Ver: *Festschrift: 25 Jahre SPK / 60 Jahre Huber / Gruß der Patientenfront anstelle einer Laudatio* [Escrito comemorativo: 25 anos de SPK / 60 anos de Huber / Felicitações da Frente de Pacientes em vez de um elogio], disponível em: <www.spkpfh.de>.

(79) Ver: "MITTEILUNGEN ZUM HUNGERSTREIK VOM 6.11.1975 AUS DER PATIENTEN-FRONT" [COMUNICAÇÕES SOBRE A GREVE DE FOME DE 06 nov. 1975 DA FRENTE

DE PACIENTES], em: *SPK – Dokumentation Teil III* [SPK – Documentação parte III], disponível em: <www.spkpfh.de>.

(80) Ver requerimento junto ao centro de perseguição de crimes nazistas, disponível em: <www.spkpfh.de/Offene_Abrechnung.html> (em alemão).

(81) Acréscimo do SPK/PF(H) a perguntas diretas:
Portanto, o sistema carcerário também já é doentio: os médicos se põem ao largo, o cimento armado fica poroso (a arte de Salomão, a saber, a viagem astral de corpo e mente através da parede e muro, é sujeira em comparação com isso!). O muro cairá. A cana deve desaparecer. Também aqui no ponto de vista do medicinismo genético está faltando o "novo" homem que ainda encaixe com a antiga prisão.

Nesse meio-tempo, desse dilema com o qual confrontamos aos médicos resultou que a alimentação forçada fosse proibida aos médicos, "a menos que o preso tenha perdido a consciência". Mas não todo preso ainda tem algo a perder, deveria ser acrescentado, por exemplo, esse tipo de consciência: adestrável, aterrorizável e, por fim, também "definível" por textos de lei antigos e novos.

Portanto, aqui ficamos nisso: quando se é alimentado à força, isso é tortura feita pelos médicos (tortura por nutrição), quando não se é alimentado à força, isso é assassinato cometido pelos médicos.

(82) Ver "Der Begriff Einzelhaft" [O conceito de incomunicabilidade], em: FRENTE DE PACIENTES: *SPK – Dokumentation Teil IV* [SPK – Documentação parte IV], disponível em: <www.spkpfh.de>.

(83) Ver: "Die Lage der Welt ist Krankheit. Was tun? Wie jede und jeder selbst SPK machen kann: MFE-Kollektiv" [A situação do mundo é doença. O que fazer? Como cada uma e cada um pode por si mesmo fazer SPK: coletivo-EMF], disponível em: <www.spkpfh.de>.

(84) Ver: "Die Iatrokratie im Weltmaßstab" [A iatrocracia em escala mundial] (ver acréscimo 19).

(85) Ver a esse respeito:
- "Der vollständige Krankheitsbegriff" [O conceito completo de doença] (ver acréscimo 8).
- "Die Iatrokratie im Weltmaßstab" [A iatrocracia em escala mundial] (ver acréscimo 19).
- "Macht, Iatrarchie/Krankheit, Gewalt" [Poder, iatrarquia/Doença, violência], em: FRENTE DE PACIENTES: *SPK – Dokumentation Teil IV* [SPK – Documentação parte IV], disponível em: <www.spkpfh.de>.
- "Iatroklasie" [Iatroclasia], em: FRENTE DE PACIENTES: *SPK – Dokumentation Teil IV* [SPK – Documentação parte IV], disponível em: <www.spkpfh.de>.
- "Zahlen und Überzählige (Neufassung) [Números e supernumerários (nova versão)], em: FRENTE DE PACIENTES: *SPK – Dokumentation Teil IV* [SPK – Documentação parte IV], disponível em: <www.spkpfh.de>.

(86) Ver *Geschichte der Patientenfront. Grundgipfellagiges, Ergänzendes, Frakturen* [História da Frente de Pacientes. Cumes fundamentais, complementos, fraturas], KRRIM – PF-Editora **para** Doença, 2001, disponível em: <www.spkpfh.de>.

(87) Ver "Das Kommunistische Manifest des 3. Jahrtausends – Ärzteklasse muss weg. Klassenlose Gesellschaft das Ziel. Her mit der Patienten Klasse!" [O Manifesto

Comunista do terceiro milênio – Fora com a classe médica. O objetivo: a sociedade sem classes. Adiante a classe dos pacientes!], disponível em: <www.spkpfh.de>.

(88) Ver a fita cassete: *Pathoelementalmusik. Mit Text und Interview* [Música patoelemental. Com texto e entrevista], em: *Festschrift: 25 Jahre SPK / 60 Jahre Huber / Gruß der Patientenfront anstelle einer Laudatio* [Escrito comemorativo: 25 anos de SPK / 60 anos de Huber / Felicitações da Frente de Pacientes em vez de um elogio], KRRIM – PF-Editora **para** Doença, 1995, disponível em: <www.spkpfh.de>.

(89) Ver "Beistandsvollmacht (Beistand im Krankheitswesen)" [Autorização de assistência (Representante na doença)], disponível em português em: <www.spkpfh.de/Autorizacao.htm>.

(90) Ver "Methodische Pathastrie, Merksätze" [Patastria metódica, sentenças], disponível em: <www.spkpfh.de>.

(91) Nossa edição em francês: *SPK – Faire de la Maladie une arme*, KRRIM – PF-Editora **para** Doença, 1995, disponível em: <www.spkpfh.de>.

(92) Ver as "11 teses sobre a doença" na sequência.

(93) Ver carta para a redação de *INVARIANTI*, Roma/Itália, 1996, disponível em: <www.spkpfh.de>.

(94) Ver o cassete de rádio *Mensaje radiofónico de SPK/PF(H) desde y para España, junio 1996* [Programa de rádio do SPK/PF(H) da e para a Espanha, junho de 1996], disponível em: <www.spkpfh.de>.

(95) Trecho de um programa de rádio da "rádio Dreyeckland" (1983) e rádio Montmartre (Paris, 1982):

1. Trabalho do tribunal internacional da doença;
2. SPK – Frente de Pacientes;

ver *Forte pela doença – Frente de Pacientes. 1. Trabalho do tribunal internacional da doença; 2. SPK – Frente de Pacientes*, fita cassete, programa de rádio da "rádio Dreyeckland" nos dias 21 e 31 jan. 1983, assim como da "rádio Montmartre" (Paris) em dezembro de 1982, disponível em: <www.spkpfh.de>.

(96) Acréscimo de Huber, 1997:
Não confundir com *Gesamtkunstwerk* [obra de arte total]! Um ***objeto total*** [*Gesamtgegenstand*] é comparável antes com, por exemplo, um Adam Kadmon, que existiu de fato e que deveria ser ***construído*** hoje, por meio de uma fantasia coletiva que traduz a filosofia em atividade e a torna prática, ou seja, ideologia! Certamente um Richard Wagner (ver *Gesamtkunstwerk* [obra de arte total]) não tinha a menor ideia de um Adam Kadmon, pois esse Adam Kadmon encarnou a totalidade do padrão ubíquo da doença. Richard Wagner deu preferência, ao contrário, a Deus e aos deuses que, repletos de compaixão, matam a doença, o sofrimento e os pacientes. Esses deuses estavam de acordo com o gosto desse megacompositor, que devorava de modo preferencial biscoitos para animar-se e chegar na afinação quando queria compor uma ópera.

(97) Em vez de burguesia, hoje dizemos: **normesia** [***Normoisie***].

Posfácio

Pela primeira vez agora também o público brasileiro e de língua portuguesa tem acesso autêntico ao livro *SPK – Fazer da doença uma arma* em sua própria língua. A editora brasileira Ubu havia nos oferecido a publicação em dezembro de 2020 e aceitamos com prazer essa oferta no interesse da classe dos pacientes.

Nós agradecemos a Florencia Ferrari, a diretora da editora Ubu, por sua iniciativa e por seu empenho profissional, graças aos quais agora temos o livro em mãos. Agradecemos a Vladimir Safatle por reconhecer prospectivamente a importância desta publicação para o Brasil e por incluir *SPK – Fazer da doença uma arma* na série Coleção Explosante que ele edita.

Nosso agradecimento especial vai ao tradutor, Felipe Shimabukuro, não apenas por sua sólida e fundamentada compreensão dos conteúdos da nova-revolução em virtude e com a força da doença, mas em especial por sua tradução linguisticamente versada na matéria a partir do texto original alemão. Também agradecemos a Felipe por sua disposição para clarificar as questões que surgiam durante o trabalho de tradução em cooperação conosco, o que também garante a autenticidade da presente tradução.

Este resultado de nossa colaboração muito intensa e frutífera será um grande apoio para a luta da classe dos pacientes no Brasil e também em outros países de língua portuguesa – para reivindicar a doença como arma de transformação e conhecimento e como força produtiva revolucionária. Este é um manual patoprático de ação e um guia que é indispensável diante da propagação e intensidade da doença, cujo protesto se estende imparável, tal como mostra também a contagiosa proliferação de revoltas populares por toda parte.

A história do impacto do livro *SPK – Fazer da doença uma arma* começou 50 anos atrás e seu conteúdo e a orientação fornecida com ele são mais atuais e necessários do que nunca. A edição brasileira é complementada pelas novas edições ampliadas e revisadas do livro, que foram publicadas tanto em inglês (2023) quanto em alemão (em janeiro de 2024) na nossa KRRIM – PF-Editora para Doença.

Doença faz frente, Frente de Pacientes, atacando e propagando-se para todos os pontos cardeais. Invencível.

Doenças de todos os países, uni-vos!

SPK/PF MFE Colômbia, SPK/PF MFE Espanha,
KRRIM – PF-Editora para Doença e SPK/PF(H)
29 jan. 2024

Dados Internacionais de Catalogação na Publicação (CIP)
Elaborado por Vagner Rodolfo da Silva – CRB-8/9410

C694s Coletivo Socialista de Pacientes na Universidade de Heidelberg
SPK: fazer da doença uma arma / Coletivo Socialista de Pacientes na Universidade de Heidelberg; título original: *SPK – Aus der Krankheit eine Waffe machen* / traduzido por Felipe Shimabukuro.
São Paulo: Ubu Editora, 2024. / 224 pp. / Coleção Explosante
ISBN 978 857 126 139 6

---

1. Filosofia. 2. Filosofia da medicina. 3. Saúde e doença. 4. Corpo.
5. Política. 6. Socialismo. I. Shimabukuro, Felipe. II. Título. III. Série.

2024-369 CDD 100 CDU 1

Índice para catálogo sistemático:
1. Filosofia 100
2. Filosofia 1

UBU EDITORA
Largo do Arouche 161 sobreloja 2
01219 011 São Paulo SP
ubueditora.com.br
professor@ubueditora.com.br
/ubueditora

TIPOGRAFIA Bookman Old Style, Bridge text e Rebrand
PAPÉIS Pólen Natural 80 g/m²
IMPRESSÃO Loyola